全国技工院校数控加工类专业通用（中级技能层级）

数控铣床加工中心编程与操作（FANUC系统）（第二版）习题册

何宏伟　主编

中国劳动社会保障出版社

简　介

本习题册是全国技工院校数控加工类专业通用教材（中级技能层级）《数控铣床加工中心编程与操作（FANUC 系统）（第二版）》的配套用书。本习题册紧扣教学要求，按照教材章节顺序编排，知识点分布均衡，题型丰富多样，难易配置适当，有助于学生复习巩固所学知识。

本习题册由何宏伟主编。

图书在版编目（CIP）数据

数控铣床加工中心编程与操作（FANUC 系统）（第二版）习题册/何宏伟主编．-- 北京：中国劳动社会保障出版社，2019

全国技工院校数控加工类专业通用教材．中级技能层级

ISBN 978－7－5167－3957－0

Ⅰ.①数…　Ⅱ.①何…　Ⅲ.①数控机床-铣床-程序设计-中等专业学校-习题集②数控机床-铣床-操作-中等专业学校-习题集　Ⅳ.①TG547－44

中国版本图书馆 CIP 数据核字（2019）第 081816 号

中国劳动社会保障出版社出版发行

（北京市惠新东街 1 号　邮政编码：100029）

*

北京昌联印刷有限公司印刷装订　　新华书店经销

787 毫米×1092 毫米　16 开本　7.25 印张　169 千字

2019 年 5 月第 1 版　　2024 年 11 月第 7 次印刷

定价：13.00 元

营销中心电话：400-606-6496

出版社网址：http://www.class.com.cn

http://jg.class.com.cn

目　录

第一章　数控铣床/加工中心编程基本知识

第一节　数控铣床/加工中心概述

一、填空题（将正确答案填写在横线上）

1. ____________是用数字化信号对机床的运动及其加工过程进行控制的机床，或者说是装备了____________的机床。

2. 数控铣床就是装备了数控系统或采用了数控技术，主要完成____________，并辅助有____________的数控机床。

3. 数控铣床按主轴在空间所处的状态可以分为____________和____________。

4. 数控铣床可以对零件的____________或____________进行加工。

5. ____________是数控机床的核心。现代数控系统通常是一台带有专门系统软件的专用微型计算机。它由____________、____________和____________等构成。

二、选择题（将正确答案的序号填写在括号内）

1. 下列不属于位移检测元件的是（　　）。
   A. 脉冲编码器　　B. 旋转变压器、感应同步器
   C. 光栅传感器和磁栅　　D. 接触器

2. 数控机床的机床本体具有较高的精度、静刚度和（　　）。
   A. 平行度　　B. 平面度
   C. 圆度　　D. 动刚度

三、判断题（正确的，在括号内打"√"；错误的，在括号内打"×"）

1. 数控铣床可以加工平面轮廓、斜面轮廓、曲面轮廓，还可以对孔类零件进行加工。（　　）
2. 加工中心不具有自动交换加工刀具的能力。（　　）
3. 卧式数控铣床的主轴轴线与工作台台面平行。（　　）
4. 加工中心是一种自动化程度不高且低效率的数控机床。（　　）
5. 卧式加工中心的主要加工对象是箱体类零件。（　　）

四、问答题

1. 观察图1—1所示的立式数控铣床与卧式数控铣床，它们在结构上有什么不同？

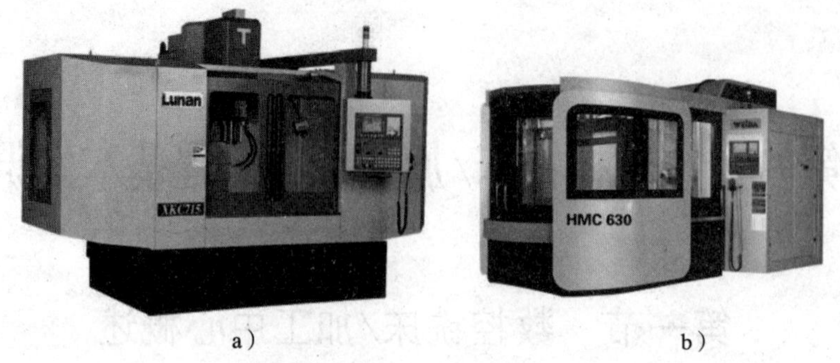

a） b）

图 1—1 数控铣床

a）立式数控铣床 b）卧式数控铣床

2. 填写图 1—2。

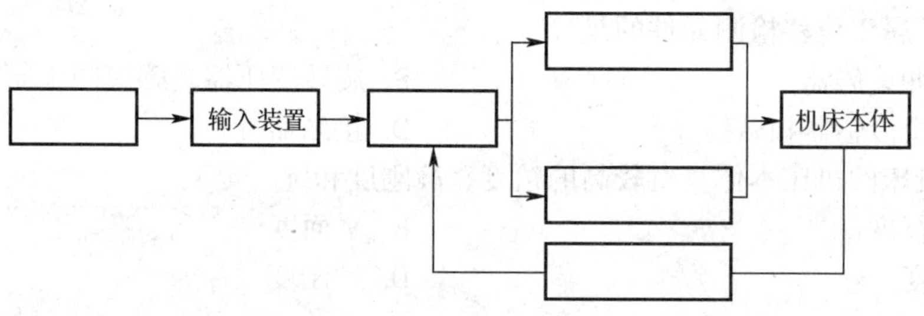

图 1—2 数控铣床/加工中心的组成

第二节 数控铣床/加工中心的坐标系

一、填空题（将正确答案填写在横线上）

1. 为了便于编程时描述机床的运动和方向，永远假定刀具相对于__________工件而运动。

2. 标准的机床坐标系是一个__________坐标系，拇指的指向为__________的正方向，食指的指向为__________的正方向，中指的指向为__________的正方向。

3. 数控机床规定__________刀具与工件的距离为移动方向的__________。

4. 机床原点一般取在 X、Y、Z 坐标的__________极限位置上。

5. 刀具在机床上的位置是由____________的位置来表示的。

二、选择题（将正确答案的序号填写在括号内）

1. Z 坐标轴的确定由传递切削力的（　　）所决定。

   A. 主轴　　B. 进给轴　　C. 伺服电动机　　D. 旋转轴

2. 标准的机床坐标系的三个坐标轴的方向与机床的主要导轨（　　）。

   A. 垂直　　B. 平行

   C. 成一定的夹角　　D. 有的平行有的垂直

三、判断题（正确的，在括号内打“√”；错误的，在括号内打“×”）

1. A、B、C 轴是旋转轴，分别表示围绕 X、Y、Z 轴旋转。（　　）

2. 机床原点是指机床上设置的一个可以变动的点，即机床坐标系的原点。（　　）

3. 机床参考点可以与机床原点重合，也可以不重合，但参考点对机床原点的坐标必须是个已知数。（　　）

4. 为了节约辅助时间，提高加工效率，换刀点设置得离工件越近越好。（　　）

四、问答题

1. 什么是机床坐标系？机床坐标系是如何定义的？

2. 选择工件坐标系时一般应遵循的原则是什么？

3. 立铣刀、端铣刀、钻头和球头铣刀的刀位点位置各在刀具的什么地方？

4. 选择对刀点的原则是什么？

第三节　数控编程的基本知识

一、填空题（将正确答案填写在横线上）

1. 图样分析是要求编程人员能够对零件图样的__________、__________、__________及__________进行分析。

2. 手工编程的步骤包括__________、__________、__________、__________、__________、程序校验和试切。

3. 字符是数控加工程序组成的最小基本单元，由__________、__________、__________和__________等组成。

二、选择题（将正确答案的序号填写在括号内）

1. 不属于数控机床上使用的控制介质的是（　　）。

A. 打孔纸带　　B. 软磁盘

C. 数据线　　D. 移动存储设备

2. 下列属于模态代码的指令是（　　）。

A. G04　　B. G01

C. G27　　D. G65

三、判断题（正确的，在括号内打“√”；错误的，在括号内打“×”）

1. 通过机床的空运行可以对零件的尺寸、表面粗糙度和几何公差等进行检查。（　　）

2. 对于几何形状复杂，轮廓外形由一些非圆曲线、曲面所组成的零件，或者零件的几何形状并不复杂但是程序编制的工作量很大时，可以采用手工编程。（　　）

3. 自动编程的优点是效率高、编程时间短、质量高。（　　）

4. 模态代码又称续效代码，这种代码一经指定，在接下来的程序段中持续有效，直到出现同组其他代码时，该代码才失效。（　　）

5. G94 F50 表示进给速度为 50 mm/r。（　　）

四、问答题

1. 简述数控加工程序的编制过程。

2. 数控加工程序编制的方法有几种？各有什么特点？

3. 什么是地址和地址字？

4. 一个完整的程序由哪几部分组成？

第二章　数控铣床/加工中心的操作

第一节　数控铣床/加工中心的面板介绍

一、填空题（将正确答案填写在横线上）

1. FANUC 0i 数控系统控制面板主要由________显示屏和________键盘组成。

2. CRT 显示屏的主要作用是根据用户的操作在 CRT 中显示__________、__________、__________和__________等。

3. 在 CRT 显示屏下方的相应位置上有一排没有显示标识的按键被称为________。

4. MDI 键盘由__________、__________、__________、__________和________等组成。

5. 在编辑模式下按下“PROG”键，用户可以________、________存储器内的程序。

二、选择题（将正确答案的序号填写在括号内）

1. 按下“POS”键，系统将显示（　　）。

　A. 系统参数

　B. 程序

　C. 警告

　D. 当前机床的坐标位置

2. 程序输入键对应的英文单词是（　　）。

　A. “INPUT”

　B. “CAN”

　C. “ALTER”

　D. “HELP”

三、判断题（正确的，在括号内打“√”；错误的，在括号内打“×”）

1. 在输入域中输入 G54 参数后，按“INPUT”键，系统将参数插入到相应的位置。（　　）

2. 系统在 MDI 模式下可输入简单程序并在自动模式下执行该指令。（　　）

3. 机床控制面板的操作基本上大同小异，因此，各个厂家生产的机床控制面板完全相同。（　　）

4. 按下急停键后机床主轴停止，其他保持原有模式。（　　）

5. 一般手轮进给倍率旋钮分为 0.001 mm、0.01 mm、0.1 mm 三个挡。（　　）

四、问答题

简述机床操作面板中[键图]、[键图]、[键图]、[键图]、[键图]键的功能。

第二节　数控铣床/加工中心的基本操作

一、填空题（将正确答案填写在横线上）

1. 自动运行时主轴的转速、转向是在程序中用＿＿＿＿＿＿和＿＿＿＿＿＿指定的。
2. MDI 方式适用于简单程序的操作，如指定＿＿＿＿＿＿＿＿、＿＿＿＿＿＿＿等。
3. 对刀的目的是通过＿＿＿＿＿或＿＿＿＿＿＿＿确定＿＿＿＿＿＿＿＿与＿＿＿＿＿＿＿＿之间的空间位置关系。
4. 根据使用对刀工具的不同，对刀方法可以分为＿＿＿＿＿＿＿＿、＿＿＿＿＿＿＿＿＿、＿＿＿＿＿＿＿＿＿＿、＿＿＿＿＿＿＿＿＿、＿＿＿＿＿＿＿＿＿＿和＿＿＿＿＿＿＿＿＿。
5. 程序的输入方法主要包括＿＿＿＿＿＿＿＿＿＿＿＿＿＿、＿＿＿＿＿＿＿＿＿＿＿。

二、选择题（将正确答案的序号填写在括号内）

1. 使用机械寻边器时要求主轴转速设定在（　　）r/min 左右。

A. 500　　B. 800　　C. 50　　D. 1 000

2. 零件的 Z 向对刀通常采用（　　）对刀。

A. 百分表对刀法　　B. 刚性靠棒对刀法

C. 试切法和 Z 向对刀仪　　D. 寻边器对刀法

三、判断题（正确的，在括号内打“√”；错误的，在括号内打“×”）

1. 采用刚性靠棒只能对工件的 X、Y 方向对刀，工件的 Z 轴方向采用刀具进行对刀。（　　）
2. 采用 G92 设定工件坐标系，具有记忆功能。当机床关机后，设定的坐标系不会消失。（　　）
3. 系统在执行 G92 指令时，机床将按 G92 后面的坐标移动。（　　）
4. 用厂家提供的通信软件可以将 *. TXT、*. NC 程序输入到数控系统中。（　　）
5. 程序校验可以检查加工程序的轨迹是否正确。（　　）

6. 可以编写超出机床加工能力的程序。 （ ）
7. 程序修改后，对修改部分一定要仔细计算和认真核对。 （ ）
8. 机床运转时，不能用毛刷清扫工件或刀具上的切屑。 （ ）
9. 机床运转时，可以打开防护门。 （ ）
10. 数控机床使用后，应将各坐标轴停在中间位置。 （ ）

四、问答题

1. 简述数控铣床回原点的操作步骤。

2. 简述进行手动操作的方法。

3. 建立工件坐标系的方法有哪几种？

4. 如何新建、输入、编辑和保存一个数控加工程序？

第三节　数控铣床/加工中心的维护与保养

一、填空题（将正确答案填写在横线上）

1. 数控系统进行日常维护的目的是____________________和____________________。
2. 数控装置内温度一般不允许超过____________，否则系统不能可靠地工作。
3. 电池的更换应在 CNC 装置____________状态下进行。
4. 数控装置通常允许电网电压在额定值的________________范围内波动。
5. 润滑油的高度应位于____________和____________之间。

二、选择题（将正确答案的序号填写在括号内）

1. 数控机床的润滑油箱应该（　　）检查一次。

   A. 每天　　B. 每半月　　C. 每月　　D. 每一年

2. 数控机床的润滑液压泵和滤油器应该（　　）清洗一次。

   A. 每季度　　B. 每半年　　C. 每一年　　D. 每两年

三、判断题（正确的，在括号内打“√”；错误的，在括号内打“×”）

1. 气源自动分水滤气器可以自动清理分水器中滤出的水分，不需要人工进行清理。（　　）
2. 每月需要检查一次各种电器柜散热通风装置的过滤网是否堵塞。（　　）
3. 机床电器柜中的尘土通常使用气枪清理。（　　）
4. 长期不使用的数控机床要经常给系统通电。（　　）

四、问答题

简述数控铣床/加工中心的一般保养和维护步骤。

第三章　数控铣仿真加工

第一节　仿真软件的使用

一、填空题（将正确答案填写在横线上）

1. 数控加工仿真是采用计算机图形学的手段对__________、__________进行模拟。

2. 数控加工仿真系统可提供__________和__________功能，使技术人员及时发现生产过程中的不足，有效提高了数控加工的__________和__________。

3. 数控加工仿真界面中包含__________、__________、__________、__________、__________以及__________和__________。

4. 数控加工仿真系统提供的毛坯形状有__________和__________。

5. 数控加工仿真系统提供了__________、__________和__________三种夹具。

二、选择题（将正确答案的序号填写在括号内）

1. 在机床仿真区域单击鼠标右键，系统会弹出视图菜单，用户可以根据需要对（　　）进行设置。

A. 观察的角度

B. 旋转视图

C. 缩放视图

D. 切换视图

2. 在视图菜单栏中选择（　　）命令，可以对仿真加速倍率、声音的开关、机床的显示方式、零件的显示方式等进行设置。

A. 动态缩放　　　　B. 选项

C. 前视图　　　　D. 俯视图

三、判断题（正确的，在括号内打“√”；错误的，在括号内打“×”）

1. 仿真加工后的毛坯可作为下道工序的毛坯使用。（　　）

2. 在压板对话框中，用户可以根据需要选择压板的类型，并对压板的尺寸进行设置。（　　）

3. 零件加工完毕后，需要更换新零件时，无须拆除便可重新更换毛坯。（　　）

4. 在仿真系统中，安装后的压板不能移动。（　　）

四、问答题

1. 简述进入数控加工仿真系统的操作步骤。

2. 简述在数控加工仿真系统中进行零件测量的步骤。

第二节 仿真加工实例

一、填空题（将正确答案填写在横线上）

1. 仿真操作的加工步骤为________、________、________、________、________、________、________、________。

2. 对刀的过程就是建立________与________之间的关系。

3. 数控铣床/加工中心在 X、Y 轴方向的对刀方法一般包括________和________两种。

4. 在仿真系统中，立式加工中心的装刀方法有两种：一种是直接________；另一种是用________将________刀具添加到主轴上。

5. 数控加工程序可以通过________或________等编辑软件输入并保存为________，也可以直接用系统的________输入。

二、选择题（将正确答案的序号填写在括号内）

1. 下列塞尺尺寸规格不属于仿真系统的是（ ）mm。

A. 0.05　　B. 10　　C. 1　　D. 100

2. 下列正确的换刀指令是（ ）。

A. G91 G28 Z0；T01 M06；　　B. G91 G21 Z0；T01 M06；

C. G91 G28 Z0；T01 M05；　　　　　　　D. G91 G28 Z10；T01 M06；

三、判断题（正确的，在括号内打“√”；错误的，在括号内打“×”）

1. 刚性靠棒需要配合塞尺进行对刀。 （　　）
2. 单击操作面板上的[键图标]键，系统进入手动脉冲方式。 （　　）
3. 通过检查刀具运动轨迹可以确定编写的程序是否正确。 （　　）

四、问答题

1. 如何在数控加工仿真系统中对工件的 X 轴方向和 Y 轴方向进行对刀？

2. 简述 G54 参数设置的方法。

3. 如何在数控加工仿真系统中进行轨迹检查？

五、综合题

试在数控加工仿真系统中加工图 3—1 所示的零件，要求刻线深度为 0. 2 mm，槽宽 0. 4 mm。已知毛坯尺寸为 ϕ100 mm × 10 mm，材料为 45 钢。

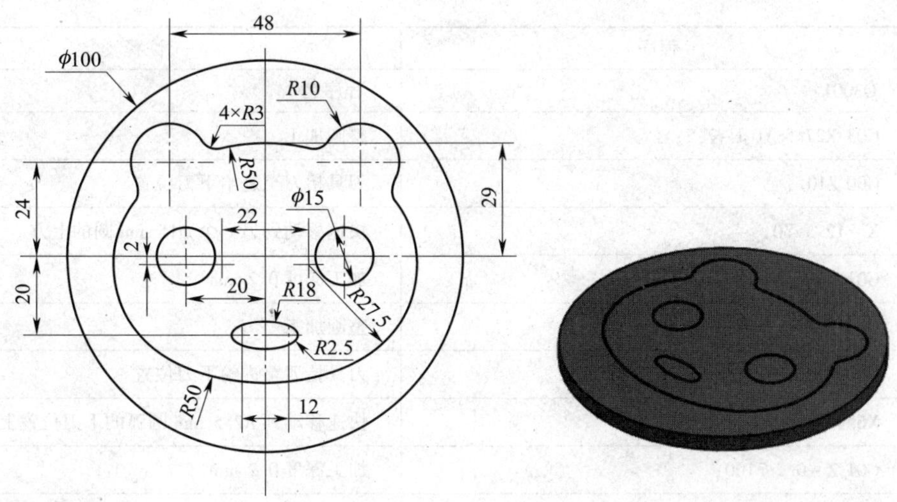

图 3—1　小熊图样

现采用 R0.2 mm 的球头铣刀进行仿真加工，编程原点位于图 3—1 所示圆柱体上表面的中心。数控加工程序（O3001）见表 3—1。

表 3—1　　数控加工程序

程序段号	程序	注释
	O3001；	程序名
N100	G00 G17 G21 G40 G49 G80 G90；	程序初始化
N102	G00 G90 G54 X32.56 Y15.071；	建立加工坐标系
N104	M03 S5000；	主轴顺时针旋转，转速 5 000 r/min
N106	Z50.；	刀具下降到安全高度
N108	Z10.；	刀具下降到进给下刀位置
N110	G01 Z-0.2 F100；	加工深度 0.2 mm
N112	G02 X32.394 Y18.564 R3.；	轮廓加工
N114	G03 X15.319 Y28.963 R-10.；	轮廓加工
N116	G02 X11.995 Y27.54 R3.；	轮廓加工
N118	G03 X-11.995 Y27.54 R50.；	轮廓加工
N120	G02 X-15.319 Y28.963 R3.；	轮廓加工
N122	G03 X-32.394 Y18.564 R-10.；	轮廓加工
N124	G02 X-32.56 Y15.701 R3.；	轮廓加工
N126	G03 X-24.444 Y-25.99 R27.5；	轮廓加工
N128	G03 X24.444 Y-25.99 R50.；	轮廓加工
N130	G03 X32.56 Y15.071 R27.5.；	轮廓加工
N132	G00 Z10.；	刀具抬刀至进给下刀位置
N134	X27.5 Y0	快速移动到 φ15 mm 圆的下刀位置上方
N136	G01 Z-0.2 F100；	加工深度 0.2 mm

续表

程序段号	程序	注释
	O3001；	程序名
N138	G03 X27.5 Y0 I－7.5；	整圆加工
N140	G00 Z10.；	刀具抬刀至进给下刀位置
N142	X－12.5 Y0	快速移动到另一个 ϕ15 mm 圆的上方
N144	G01 Z－0.2 F100；	加工深度 0.2 mm
N146	G03 X－12.5 Y0 I－7.5；	整圆加工
N148	G00 Z10.；	刀具抬刀至进给下刀位置
N150	X6.968 Y－22.305	快速移动到 *R*2.5 mm 圆弧的下刀位置上方
N152	G01 Z－0.2 F100；	加工深度 0.2 mm
N154	G03 X6.968 Y－17.695 R2.5.；	轮廓加工
N156	G03 X－6.968 Y－17.695 R18.；	轮廓加工
N158	G03 X－6.968 Y－22.305 R2.5；	轮廓加工
N160	G03 X6.968 Y－22.305 R18.；	轮廓加工
N162	G00 Z50.；	抬刀至安全高度
N164	M30；	程序结束

1. 简述在数控加工仿真系统中输入程序的步骤，并将表 3—1 的程序内容输入数控加工仿真系统。

2. 试把数控加工程序输入记事本，并简述在仿真系统中调用数控加工程序的操作步骤。

3. 简述在仿真系统中定义刀具和安装刀具的方法。

4. 简述在仿真系统中自动加工的操作步骤。

第四章　平面加工

第一节　平面类零件加工

一、填空题（将正确答案填写在横线上）

1. 平面类零件的技术要求一般包括____________________、____________________、__________________和______________。

2. 平面的位置精度主要包括平面与平面之间的__________、__________和__________。

3. 数控铣床上大平面的铣削一般可以采用___________和___________的方法。

4. 英制输入方式为________，公制输入方式为________。

5. G00 指令为________代码，可由________的其他代码注销。

二、选择题（将正确答案的序号填写在括号内）

1. 加工平面类零件时，在数控铣床上优先选择（　　）。

A. 键槽铣刀　　B. 立铣刀　　C. 角度铣刀　　D. 面铣刀

2. FANUC 系统直线插补指令的正确格式是（　　）。

A. G00 X_ Y_ Z_；　　B. G00 X_ Y_ Z_ F_；

C. G01 X_ Y_ Z_；　　D. G01 X_ Y_ Z_ F_；

三、判断题（正确的，在括号内打“√”；错误的，在括号内打“×”）

1. 进给量是影响平面表面粗糙度的主要因素之一。（　　）

2. 可转位面铣刀是由刀体和刀片组成的。刀片的切削刃在磨钝后，无须刃磨刀片，只需更换新刀片。（　　）

3. 系统在执行 G00 指令后，其机床的运动轨迹是一条直线。（　　）

4. 在 FANUC 系统中，G01 指令是模态代码。（　　）

5. 在 FANUC 系统中，G91 指令为绝对方式编程。（　　）

四、问答题

1. 简述平面加工刀具路径的设置方法。

2. 写出 G00、G01 指令的格式，并说明指令中各代码的含义。

五、编程题

如图 4—1 所示，试采用 G00、G01 指令编写平面的加工程序。已知毛坯尺寸为 ϕ100 mm×22 mm，面铣刀的直径为 50 mm。

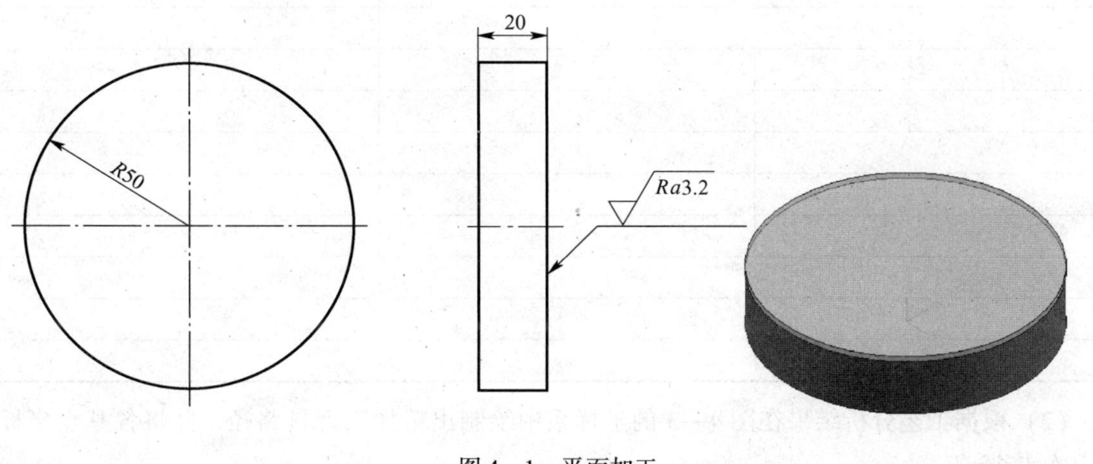

图 4—1 平面加工

1. 根据图样写出工艺分析结果。

2. 确定加工刀具路径

（1）根据工艺分析结果在图 4—2 的坐标系中绘制出粗加工刀具路径，并将各基点坐标值填入表 4—1。

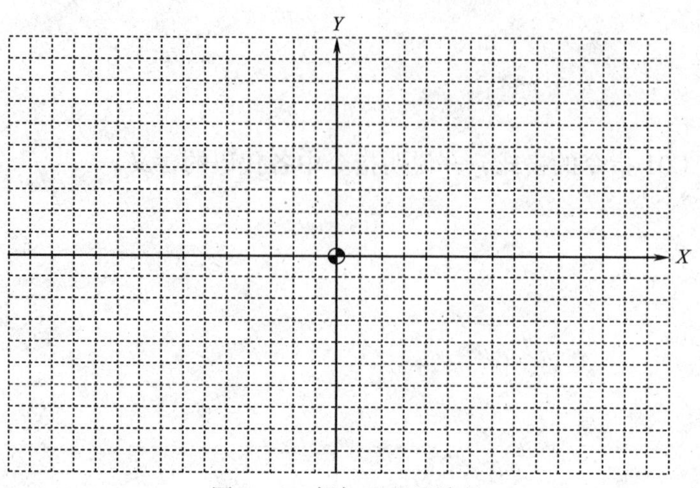

图 4—2　粗加工刀具路径

表 4—1　　**各基点坐标值**

基点	X	Y

（2）根据工艺分析结果在图 4—3 的坐标系中绘制出精加工刀具路径，并将各基点坐标值填入表 4—2。

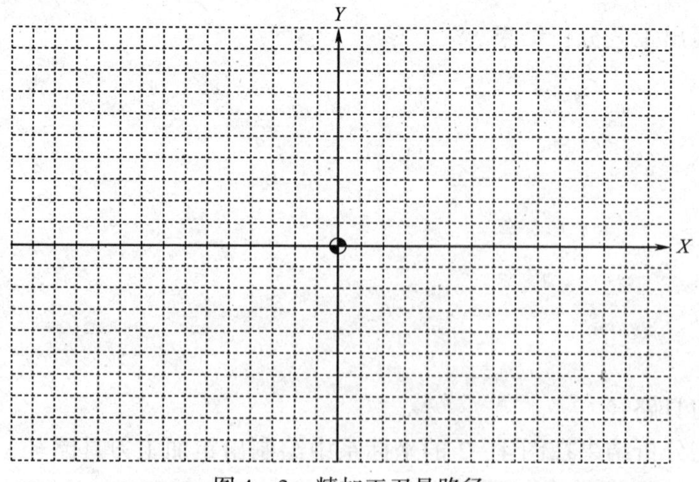

图 4—3　精加工刀具路径

表 4—2　　各基点坐标值

基点	X	Y

3. 选择切削用量

将刀具号、材料、铣削速度、背吃刀量、主轴转速及进给速度填写在表 4—3 中。

表 4—3　　切削用量

刀具号	材料	铣削速度（m/min）		背吃刀量（mm）		主轴转速（r/min）		进给速度（mm/min）	
		粗加工	精加工	粗加工	精加工	粗加工	精加工	粗加工	精加工

4. 确定装夹方式

根据毛坯的形状和加工部位写出工件的装夹方式。

5. 填写数控加工工艺卡

将工步内容及刀具参数填写在表 4—4 的数控加工工艺卡中。

表 4—4　　　　数控加工工艺卡

<table>
<tr><td rowspan="2">单位名称</td><td rowspan="2"></td><td colspan="3">产品名称或代号</td><td colspan="2">零件名称</td><td colspan="2">零件图号</td></tr>
<tr><td colspan="3"></td><td colspan="2"></td><td colspan="2"></td></tr>
<tr><td>工序号</td><td>程序编号</td><td colspan="3">夹具名称</td><td colspan="2">使用设备</td><td colspan="2">车间</td></tr>
<tr><td></td><td></td><td colspan="3"></td><td colspan="2"></td><td colspan="2"></td></tr>
<tr><td>工步号</td><td colspan="2">工步内容</td><td>刀具号</td><td>刀具规格（mm）</td><td>主轴转速（r/min）</td><td>进给速度（mm/min）</td><td>背吃刀量（mm）</td><td>备注</td></tr>
<tr><td>1</td><td colspan="2"></td><td></td><td></td><td></td><td></td><td></td><td></td></tr>
<tr><td>2</td><td colspan="2"></td><td></td><td></td><td></td><td></td><td></td><td></td></tr>
<tr><td>编制</td><td></td><td>审核</td><td>批准</td><td></td><td colspan="2">年　月　日</td><td>共　页</td><td>第　页</td></tr>
</table>

6. 程序编制

将平面粗加工程序填写在表 4—5 中，精加工程序填写在表 4—6 中。

表 4—5　　　　程序卡（粗加工）

<table>
<tr><td rowspan="3">数控铣床程序卡</td><td>编程原点</td><td colspan="3"></td><td>编程系统</td><td></td></tr>
<tr><td>零件名称</td><td></td><td>零件图号</td><td></td><td>材料</td><td></td></tr>
<tr><td>机床型号</td><td></td><td>夹具名称</td><td></td><td>实训车间</td><td></td></tr>
<tr><td>程序段号</td><td colspan="2">程序</td><td>程序段号</td><td colspan="3">程序</td></tr>
<tr><td>N010</td><td colspan="2"></td><td>N160</td><td colspan="3"></td></tr>
<tr><td>N020</td><td colspan="2"></td><td>N170</td><td colspan="3"></td></tr>
<tr><td>N030</td><td colspan="2"></td><td>N180</td><td colspan="3"></td></tr>
<tr><td>N040</td><td colspan="2"></td><td>N190</td><td colspan="3"></td></tr>
<tr><td>N050</td><td colspan="2"></td><td>N200</td><td colspan="3"></td></tr>
<tr><td>N060</td><td colspan="2"></td><td>N210</td><td colspan="3"></td></tr>
<tr><td>N070</td><td colspan="2"></td><td>N220</td><td colspan="3"></td></tr>
<tr><td>N080</td><td colspan="2"></td><td>N230</td><td colspan="3"></td></tr>
<tr><td>N090</td><td colspan="2"></td><td>N240</td><td colspan="3"></td></tr>
<tr><td>N100</td><td colspan="2"></td><td>N250</td><td colspan="3"></td></tr>
<tr><td>N110</td><td colspan="2"></td><td>N260</td><td colspan="3"></td></tr>
<tr><td>N120</td><td colspan="2"></td><td>N270</td><td colspan="3"></td></tr>
<tr><td>N130</td><td colspan="2"></td><td>N280</td><td colspan="3"></td></tr>
<tr><td>N140</td><td colspan="2"></td><td>N290</td><td colspan="3"></td></tr>
<tr><td>N150</td><td colspan="2"></td><td>N300</td><td colspan="3"></td></tr>
</table>

表 4—6　　　　　　　　　　　　　　程序卡（精加工）

<table>
<tr><td rowspan="3">数控铣床
程序卡</td><td>编程原点</td><td colspan="3"></td><td>编程系统</td><td></td></tr>
<tr><td>零件名称</td><td></td><td>零件图号</td><td></td><td>材料</td><td></td></tr>
<tr><td>机床型号</td><td></td><td>夹具名称</td><td></td><td>实训车间</td><td></td></tr>
</table>

程序段号	程序	程序段号	程序
N010		N160	
N020		N170	
N030		N180	
N040		N190	
N050		N200	
N060		N210	
N070		N220	
N080		N230	
N090		N240	
N100		N250	
N110		N260	
N120		N270	
N130		N280	
N140		N290	
N150		N300	

第二节　槽类零件加工

一、填空题（将正确答案填写在横线上）

1. 根据结构特点不同，槽类零件可以分为________、____________和__________三种。

2. 键槽铣刀按材料可以分为__________________和____________________两种。

3. 用键槽铣刀加工槽类零件时，根据刀具的旋转方向与进给方向的关系，可分为________和________。

4. FANUC 系统中，____________指令表示选择在 *XY* 平面上编程，____________指令表示选择在 *XZ* 平面上编程，____________指令表示选择在 *YZ* 平面上编程。

5. 顺时针圆弧插补指令用__________，逆时针圆弧插补指令用__________。

二、选择题（将正确答案的序号填写在括号内）

1. 编制整圆指令时，必须采用（　　）方式进行编程。

A. +R　　B. I、J　　C. -R　　D. ±R

2. 编制圆弧指令时，当圆心角大于180°时，R为（　　）。

A. 负值　　B. 正值　　C. 正负均可　　D. 整数

三、判断题（正确的，在括号内打“√”；错误的，在括号内打“×”）

1. 在螺旋插补指令中，X、Y是指G17平面上，螺旋线投影到圆弧平面上的终点坐标值，Z为螺旋线轴向的终点坐标。（　　）

2. 用X表示暂停指令（G04）时，其时间单位是s。（　　）

3. G04为模态指令。（　　）

4. 键槽铣刀一般有两个切削刃，圆柱面上和刀具底面上都带有切削刃，底面切削刃延伸至刀具中心，可进行钻孔加工。（　　）

四、问答题

1. 写出圆弧插补指令的格式，并说明式中代码的含义。

2. 简述顺、逆圆弧指令的判断方法。

五、编程题

试使用圆弧插补指令编写图4—4所示零件的加工程序。毛坯已在上道工序完成加工，尺寸为100 mm×80 mm×28 mm。

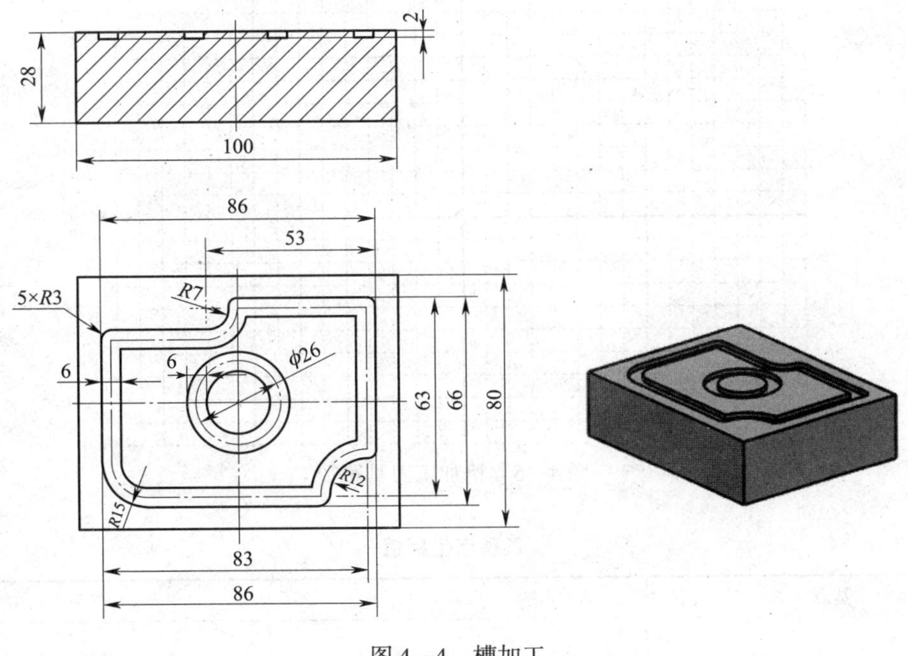

图 4—4　槽加工

1. 根据图样写出工艺分析结果。

2. 确定加工刀具路径

根据工艺分析结果在图 4—5 的坐标系中绘制出槽加工刀具路径，并将各基点的坐标值填入表 4—7 中。

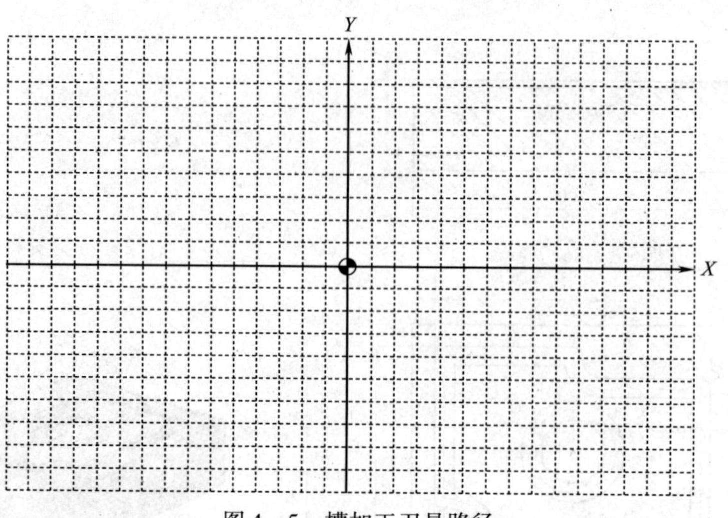

图 4—5　槽加工刀具路径

表 4—7　**各基点坐标值**

基点	X	Y

3. 选择切削用量

将刀具号、材料、铣削速度、背吃刀量、主轴转速及进给速度填入表 4—8 中。

表 4—8　**切削用量**

刀具号	材料	铣削速度（m/min）		背吃刀量（mm）		主轴转速（r/min）		进给速度（mm/min）	
		粗加工	精加工	粗加工	精加工	粗加工	精加工	粗加工	精加工

4. 确定装夹方式

根据毛坯的形状和加工部位确定工件的装夹方式。

5. 填写数控加工工艺卡

将工步内容及刀具参数填写在表 4—9 的数控加工工艺卡中。

表 4—9 **数控加工工艺卡**

<table>
<tr><td rowspan="2">单位名称</td><td rowspan="2"></td><td colspan="3">产品名称或代号</td><td colspan="2">零件名称</td><td colspan="2">零件图号</td></tr>
<tr><td colspan="3"></td><td colspan="2"></td><td colspan="2"></td></tr>
<tr><td>工序号</td><td>程序编号</td><td colspan="3">夹具名称</td><td colspan="2">使用设备</td><td colspan="2">车间</td></tr>
<tr><td></td><td></td><td colspan="3"></td><td colspan="2"></td><td colspan="2"></td></tr>
<tr><td>工步号</td><td colspan="2">工步内容</td><td>刀具号</td><td>刀具规格（mm）</td><td>主轴转速（r/min）</td><td>进给速度（mm/min）</td><td>背吃刀量（mm）</td><td>备注</td></tr>
<tr><td>1</td><td colspan="2"></td><td></td><td></td><td></td><td></td><td></td><td></td></tr>
<tr><td>2</td><td colspan="2"></td><td></td><td></td><td></td><td></td><td></td><td></td></tr>
<tr><td>编制</td><td></td><td>审核</td><td></td><td>批准</td><td></td><td>年　月　日</td><td>共　页</td><td>第　页</td></tr>
</table>

6. 程序编制

将槽加工程序填写在表 4—10 中。

表 4—10 **程序卡**

<table>
<tr><td rowspan="3">数控铣床程序卡</td><td>编程原点</td><td colspan="3"></td><td>编程系统</td><td></td></tr>
<tr><td>零件名称</td><td></td><td>零件图号</td><td></td><td>材料</td><td></td></tr>
<tr><td>机床型号</td><td></td><td>夹具名称</td><td></td><td>实训车间</td><td></td></tr>
<tr><td>程序段号</td><td colspan="2">程序</td><td>程序段号</td><td colspan="3">程序</td></tr>
<tr><td>N010</td><td colspan="2"></td><td>N160</td><td colspan="3"></td></tr>
<tr><td>N020</td><td colspan="2"></td><td>N170</td><td colspan="3"></td></tr>
<tr><td>N030</td><td colspan="2"></td><td>N180</td><td colspan="3"></td></tr>
</table>

续表

程序段号	程序	程序段号	程序
N040		N190	
N050		N200	
N060		N210	
N070		N220	
N080		N230	
N090		N240	
N100		N250	
N110		N260	
N120		N270	
N130		N280	
N140		N290	
N150		N300	

第五章　轮廓加工

第一节　内外轮廓加工

一、填空题（将正确答案填写在横线上）

1. 二维轮廓类零件主要包括__________、__________、__________、__________、__________、__________等。

2. 可转位立铣刀由__________和__________组成。

3. 刀具半径补偿的过程分为三步，即刀补的__________、__________和__________。

4. 刀具中心轨迹从__________过渡到与编程轨迹__________的过程称为刀补的取消。

5. 刀补建立过程的实现只能在__________或__________移动指令模式下建立。

二、选择题（将正确答案的序号填写在括号内）

1. 执行自动返回参考点指令（G28）时，可以使刀具从当前位置经过（　　）返回到参考点，该点的位置由该指令后的 X、Y、Z 指定。

A. 中间点

B. 终点

C. 起点

D. 圆心点

2. 在 *XY* 平面内建立刀具半径左补偿的正确格式是（　　）。

A. G41 G02 X_　Y_　D_；

B. G41 G01 X_　Y_　D_；

C. G42 G02 X_　Y_　D_；

D. G41 G01 X_　Y_；

三、判断题（正确的，在括号内打“√”；错误的，在括号内打“×”）

1. 由于立铣刀底面中心没有切削刃，因此，在加工型腔类零件时，不能直接沿着刀轴的轴向下刀，只能采用斜插式或螺旋式进行下刀。（　　）

2. 系统在执行 G91 G28 Z0 指令时，机床将从当前位置直接返回到参考点。（　　）

3. 采用刀具半径补偿指令编程时需要计算出刀具沿轮廓法线偏出的轨迹。（　　）

4. G43 为刀具长度正补偿指令。（　　）

四、问答题

1. 简述刀具半径补偿的判定方法，并写出其指令格式。

2. 写出刀具长度补偿指令的格式，并进行说明。

五、编程题

如图 5—1 所示，试采用 G41、G42 指令编写零件的加工程序。已知毛坯尺寸为 100 mm×80 mm×28 mm，平底铣刀的直径为 10 mm（建议）。

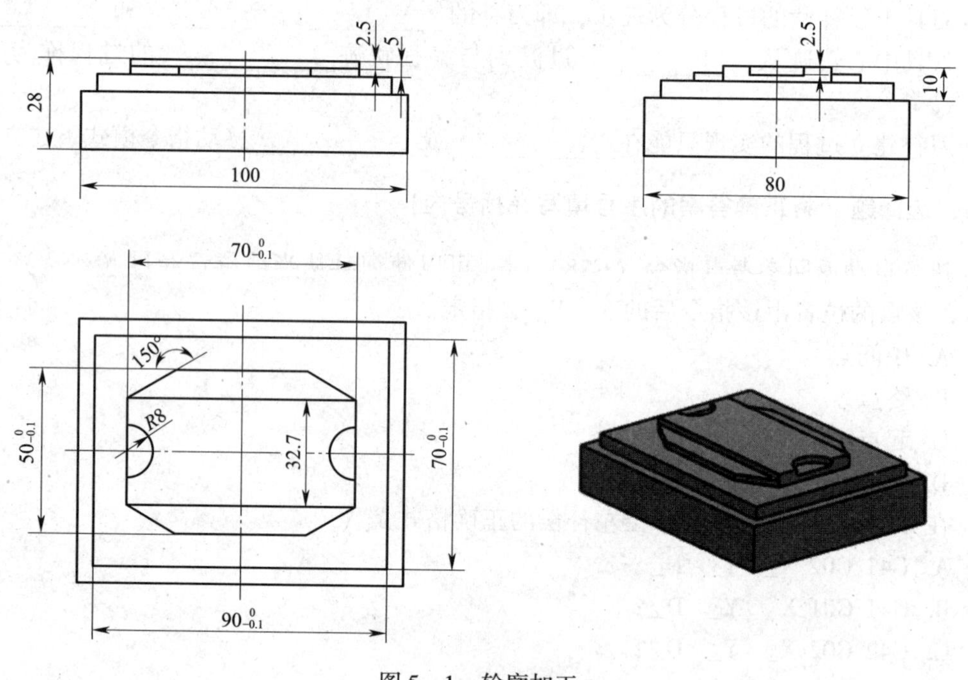

图 5—1　轮廓加工

1. 根据图样写出工艺分析结果。

2. 确定加工刀具路径

（1）根据工艺分析结果在图 5—2 的坐标系中绘制出加工刀具路径①，并将各基点的坐标值填入表 5—1。

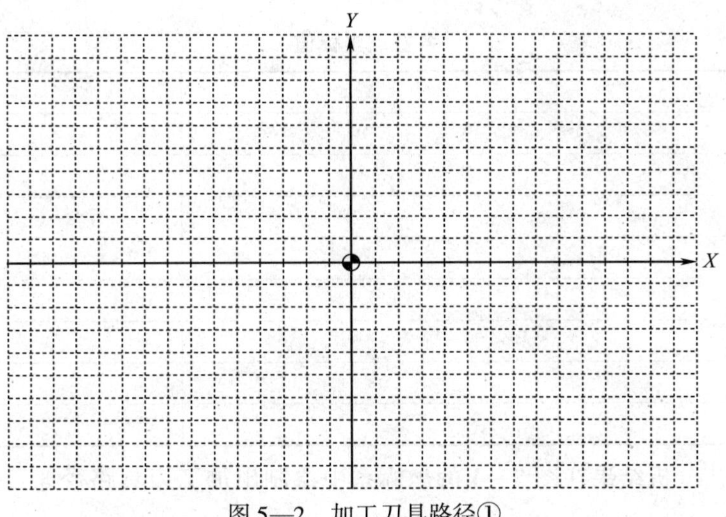

图 5—2　加工刀具路径①

表 5—1　　**各基点坐标值**

基点	X	Y

（2）根据工艺分析结果在图 5—3 的坐标系中绘制出加工刀具路径②，并将各基点的坐标值填入表 5—2。

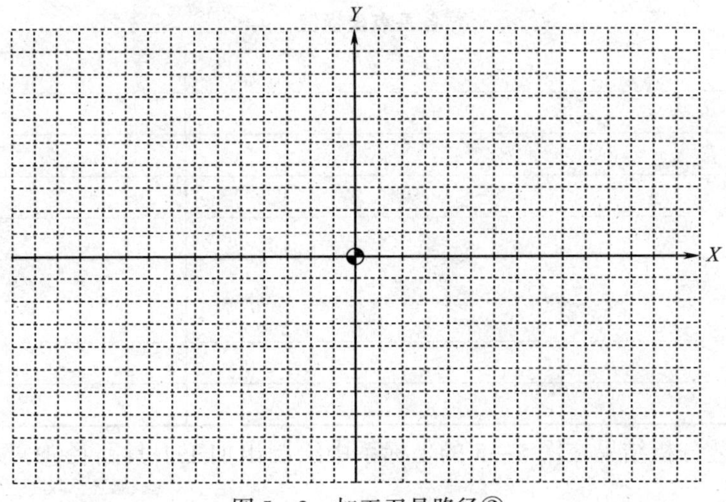

图 5—3　加工刀具路径②

表 5—2　　　　各基点坐标值

基点	*X*	*Y*

（3）根据工艺分析结果在图 5—4 的坐标系中绘制出加工刀具路径③，并将各基点的坐标值填入表 5—3。

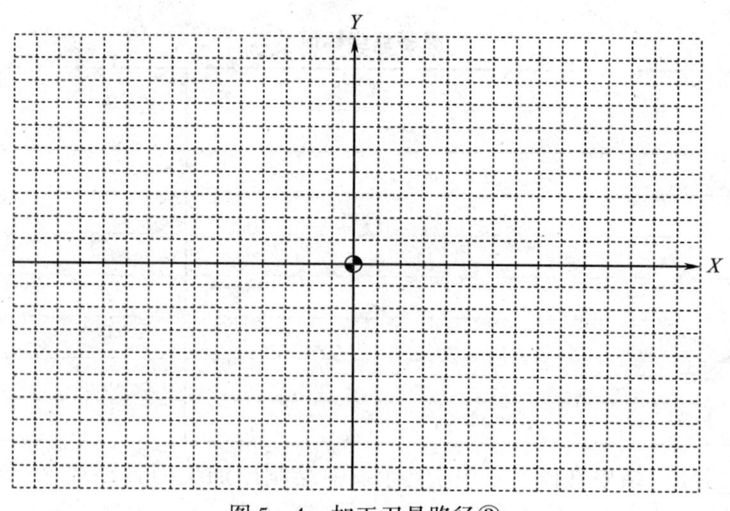

图 5—4　加工刀具路径③

表 5—3　　　　各基点坐标值

基点	*X*	*Y*

（4）根据工艺分析结果在图 5—5 的坐标系中绘制出加工刀具路径④，并将各基点的坐标值填入表 5—4。

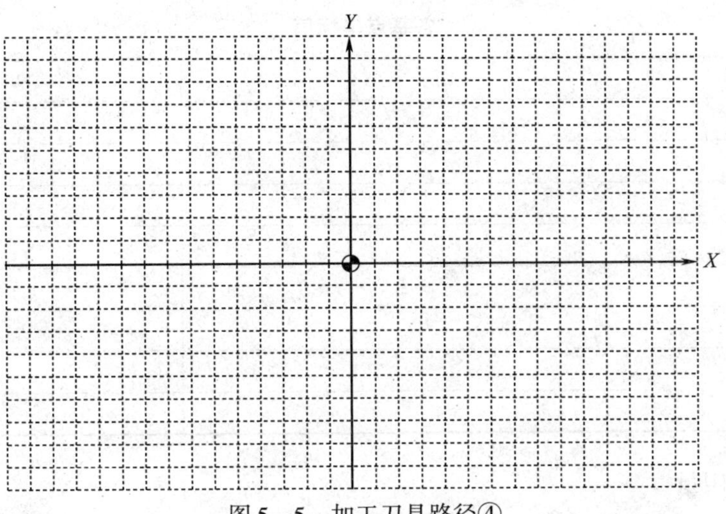

图 5—5　加工刀具路径④

表 5—4　　　　**各基点坐标值**

基点	X	Y

（5）根据工艺分析结果在图 5—6 的坐标系中绘制出加工刀具路径⑤，并将各基点的坐标值填入表 5—5。

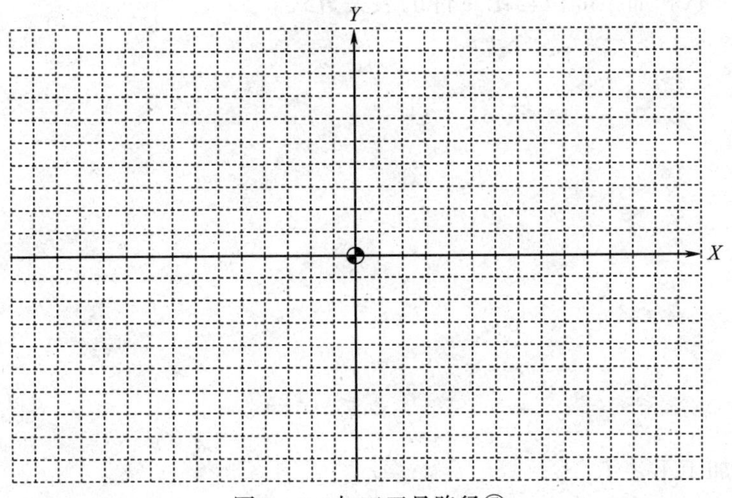

图 5—6　加工刀具路径⑤

表 5—5　**各基点坐标值**

基点	X	Y

3. 选择切削用量

将刀具号、材料、铣削速度、背吃刀量、主轴转速及进给速度填写在表 5—6 中。

表 5—6　**切削用量**

刀具号	材料	铣削速度（m/min）		背吃刀量（mm）		主轴转速（r/min）		进给速度（mm/min）	
		粗加工	精加工	粗加工	精加工	粗加工	精加工	粗加工	精加工

4. 确定装夹方式

根据毛坯的形状和加工部位写出工件的装夹方式。

5. 填写数控加工工艺卡

将工步内容及刀具参数填写在表 5—7 的数控加工工艺卡中。

表 5—7　　数控加工工艺卡

<table>
<tr><td rowspan="2">单位名称</td><td rowspan="2"></td><td colspan="3">产品名称或代号</td><td colspan="2">零件名称</td><td colspan="2">零件图号</td></tr>
<tr><td colspan="3"></td><td colspan="2"></td><td colspan="2"></td></tr>
<tr><td>工序号</td><td>程序编号</td><td colspan="3">夹具名称</td><td colspan="2">使用设备</td><td colspan="2">车间</td></tr>
<tr><td></td><td></td><td colspan="3"></td><td colspan="2"></td><td colspan="2"></td></tr>
<tr><td>工步号</td><td colspan="2">工步内容</td><td>刀具号</td><td>刀具规格（mm）</td><td>主轴转速（r/min）</td><td>进给速度（mm/min）</td><td>背吃刀量（mm）</td><td>备注</td></tr>
<tr><td>1</td><td colspan="2"></td><td></td><td></td><td></td><td></td><td></td><td></td></tr>
<tr><td>2</td><td colspan="2"></td><td></td><td></td><td></td><td></td><td></td><td></td></tr>
<tr><td>3</td><td colspan="2"></td><td></td><td></td><td></td><td></td><td></td><td></td></tr>
<tr><td>4</td><td colspan="2"></td><td></td><td></td><td></td><td></td><td></td><td></td></tr>
<tr><td>5</td><td colspan="2"></td><td></td><td></td><td></td><td></td><td></td><td></td></tr>
<tr><td>编制</td><td></td><td>审核</td><td></td><td>批准</td><td></td><td>年　月　日</td><td>共　页</td><td>第　页</td></tr>
</table>

6. 程序编制

将加工刀具路径①程序填写在表 5—8 中，加工刀具路径②程序填写在表 5—9 中，加工刀具路径③程序填写在表 5—10 中，加工刀具路径④程序填写在表 5—11 中，加工刀具路径⑤程序填写在表 5—12 中。

表 5—8　　程序卡

<table>
<tr><td rowspan="3">数控铣床程序卡</td><td>编程原点</td><td colspan="3"></td><td>编程系统</td><td></td></tr>
<tr><td>零件名称</td><td></td><td>零件图号</td><td></td><td>材料</td><td></td></tr>
<tr><td>机床型号</td><td></td><td>夹具名称</td><td></td><td>实训车间</td><td></td></tr>
<tr><td>程序段号</td><td colspan="2">程序</td><td>程序段号</td><td colspan="3">程序</td></tr>
<tr><td>N010</td><td colspan="2"></td><td>N160</td><td colspan="3"></td></tr>
<tr><td>N020</td><td colspan="2"></td><td>N170</td><td colspan="3"></td></tr>
<tr><td>N030</td><td colspan="2"></td><td>N180</td><td colspan="3"></td></tr>
<tr><td>N040</td><td colspan="2"></td><td>N190</td><td colspan="3"></td></tr>
<tr><td>N050</td><td colspan="2"></td><td>N200</td><td colspan="3"></td></tr>
<tr><td>N060</td><td colspan="2"></td><td>N210</td><td colspan="3"></td></tr>
<tr><td>N070</td><td colspan="2"></td><td>N220</td><td colspan="3"></td></tr>
<tr><td>N080</td><td colspan="2"></td><td>N230</td><td colspan="3"></td></tr>
<tr><td>N090</td><td colspan="2"></td><td>N240</td><td colspan="3"></td></tr>
<tr><td>N100</td><td colspan="2"></td><td>N250</td><td colspan="3"></td></tr>
<tr><td>N110</td><td colspan="2"></td><td>N260</td><td colspan="3"></td></tr>
<tr><td>N120</td><td colspan="2"></td><td>N270</td><td colspan="3"></td></tr>
<tr><td>N130</td><td colspan="2"></td><td>N280</td><td colspan="3"></td></tr>
<tr><td>N140</td><td colspan="2"></td><td>N290</td><td colspan="3"></td></tr>
<tr><td>N150</td><td colspan="2"></td><td>N300</td><td colspan="3"></td></tr>
</table>

表 5—9　　程序卡

数控铣床程序卡	编程原点				编程系统	
	零件名称		零件图号		材料	
	机床型号		夹具名称		实训车间	

程序段号	程序	程序段号	程序
N010		N160	
N020		N170	
N030		N180	
N040		N190	
N050		N200	
N060		N210	
N070		N220	
N080		N230	
N090		N240	
N100		N250	
N110		N260	
N120		N270	
N130		N280	
N140		N290	
N150		N300	

表 5—10　　程序卡

数控铣床程序卡	编程原点				编程系统	
	零件名称		零件图号		材料	
	机床型号		夹具名称		实训车间	

程序段号	程序	程序段号	程序
N010		N160	
N020		N170	
N030		N180	
N040		N190	
N050		N200	
N060		N210	
N070		N220	
N080		N230	
N090		N240	
N100		N250	
N110		N260	
N120		N270	
N130		N280	
N140		N290	
N150		N300	

表 5—11 程序卡

数控铣床程序卡	编程原点				编程系统	
	零件名称		零件图号		材料	
	机床型号		夹具名称		实训车间	

程序段号	程序	程序段号	程序
N010		N160	
N020		N170	
N030		N180	
N040		N190	
N050		N200	
N060		N210	
N070		N220	
N080		N230	
N090		N240	
N100		N250	
N110		N260	
N120		N270	
N130		N280	
N140		N290	
N150		N300	

表 5—12 程序卡

数控铣床程序卡	编程原点				编程系统	
	零件名称		零件图号		材料	
	机床型号		夹具名称		实训车间	

程序段号	程序	程序段号	程序
N010		N160	
N020		N170	
N030		N180	
N040		N190	
N050		N200	
N060		N210	
N070		N220	
N080		N230	
N090		N240	
N100		N250	
N110		N260	
N120		N270	
N130		N280	
N140		N290	
N150		N300	

第二节　轮廓加工与子程序

一、填空题（将正确答案填写在横线上）

1. 调用程序的程序称为__________，被调用的程序称为__________。

2. 子程序的结束与主程序不同，用____________来表示。

3. 子程序可调用另一个子程序称为子程序的________，FANUC 系统中子程序最多可嵌套________。

4. M98 P0200 L0005 可以简写成____________，表示调用子程序____________。

5. 如果在主程序中插入 M99 指令，系统在执行到 M99 指令时将自动返回到程序的____________继续执行程序，从而实现____________。

二、问答题

1. FANUC 系统中调用子程序的方式有哪两种？

2. FANUC 系统中子程序的特殊用法是什么？

三、编程题

如图 5—7 所示，试采用子程序指令编写零件的加工程序。已知毛坯尺寸为 100 mm × 80 mm × 28 mm，平底铣刀的直径为 16 mm（建议）。

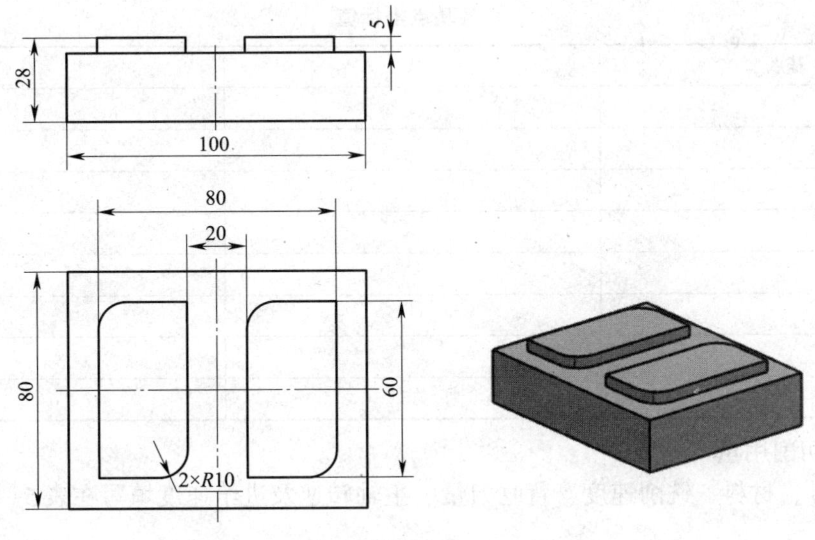

图 5—7　子程序加工

1. 根据图样写出工艺分析结果。

2. 确定加工刀具路径

根据工艺分析结果在图 5—8 的坐标系中绘制出图 5—7 所示子程序加工刀具路径，并将各基点的坐标值填入表 5—13。

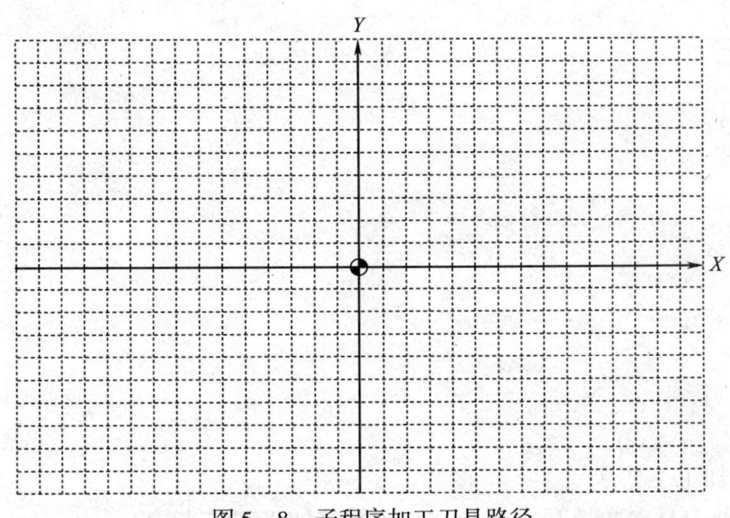

图 5—8　子程序加工刀具路径

表 5—13　　各基点坐标值

基点	X	Y

3. 选择切削用量

将刀具号、材料、铣削速度、背吃刀量、主轴转速及进给速度填写在表 5—14 中。

表 5—14　　切削用量

刀具号	材料	铣削速度（m/min）		背吃刀量（mm）		主轴转速（r/min）		进给速度（mm/min）	
		粗加工	精加工	粗加工	精加工	粗加工	精加工	粗加工	精加工

4. 确定装夹方式

根据毛坯的形状和加工部位写出工件的装夹方式。

5. 填写数控加工工艺卡

将工步内容及刀具参数填写在表 5—15 的数控加工工艺卡中。

表 5—15 **数控加工工艺卡**

单位名称		产品名称或代号				零件名称			零件图号	
工序号	程序编号	夹具名称				使用设备			车间	
工步号	工步内容		刀具号	刀具规格（mm）		主轴转速（r/min）	进给速度（mm/min）	背吃刀量（mm）		备注
1										
2										
3										
4										
5										
编制		审核		批准		年 月 日		共 页		第 页

6. 程序编制

将图 5—8 所示路径的加工程序填写在表 5—16 中。

表 5—16 **程序卡**

数控铣床程序卡	编程原点				编程系统	
	零件名称		零件图号		材料	
	机床型号		夹具名称		实训车间	

程序段号	程序	程序段号	程序
N010		N160	
N020		N170	
N030		N180	
N040		N190	
N050		N200	
N060		N210	
N070		N220	
N080		N230	
N090		N240	
N100		N250	
N110		N260	
N120		N270	
N130		N280	
N140		N290	
N150		N300	

第六章 孔系加工

第一节 孔加工固定循环

一、填空题（将正确答案填写在横线上）

1. ________是应用最广的孔加工刀具，通常用________或________材料制成，为________结构。柄部有________和________两种，________主要用于小直径麻花钻，________用于直径较大的麻花钻。

2. 孔的加工方法比较多，有________、________、________和________等。大直径孔还可采用________方式进行铣削加工。

3. 对工件进行孔加工时，根据刀具的运动位置所处的平面可以分为________、________、________和________。

4. 取消孔加工循环采用________代码。另外，如在孔加工循环中出现________、________、________、________代码，则孔加工方式也会自动取消。

5. ________代码表示返回到初始平面，________代码表示返回到 R 平面。

二、选择题（将正确答案的序号填写在括号内）

1. 钻削用量主要指的是钻头的切削用量，其切削参数不包括（　　）。

A. 背吃刀量 a_p　　B. 进给量 f

C. 切削速度 v_c　　D. 主轴转速 n

2. 孔加工固定循环指令中，在孔底有暂停动作的指令是（　　）。

A. G73　　B. G83

C. G81　　D. G84

三、判断题（正确的，在括号内打“√”；错误的，在括号内打“×”）

1. 每转进给量 f_o 是指钻头每转一个刀齿，钻头与工件间的相对轴向位移量，单位为 mm/z。（　　）

2. 在选择切削速度 v_c 时，钻头直径较小取小值，钻头直径较大取大值；工件材料较硬取大值，工件材料较软取小值。（　　）

3. G99 方式时，系统执行孔加工循环指令后，刀具在钻入到孔底后将返回到 R 平面。（　　）

4. G82 指令除了在孔底暂停外，其他动作与 G83 指令相同。（　　）

5. 固定循环中 R 值与 Z 值数据的指定与 G90、G91 方式的选择无关，而 Q 值则与 G90、

G91 方式的选择有关。 （ ）

四、问答题

1. 钻削的进给量有哪几种表示方式？各代表什么含义？

2. 高速深孔加工循环（G73）的格式是什么？指令中的 Q 和 K 分别代表什么含义？

五、编程题

如图 6—1 所示，试采用钻孔固定循环指令编写零件的加工程序。已知毛坯尺寸为 ϕ100 mm×30 mm，建议刀具用 ϕ2 mm 中心钻，ϕ8 mm、ϕ12 mm 钻头。

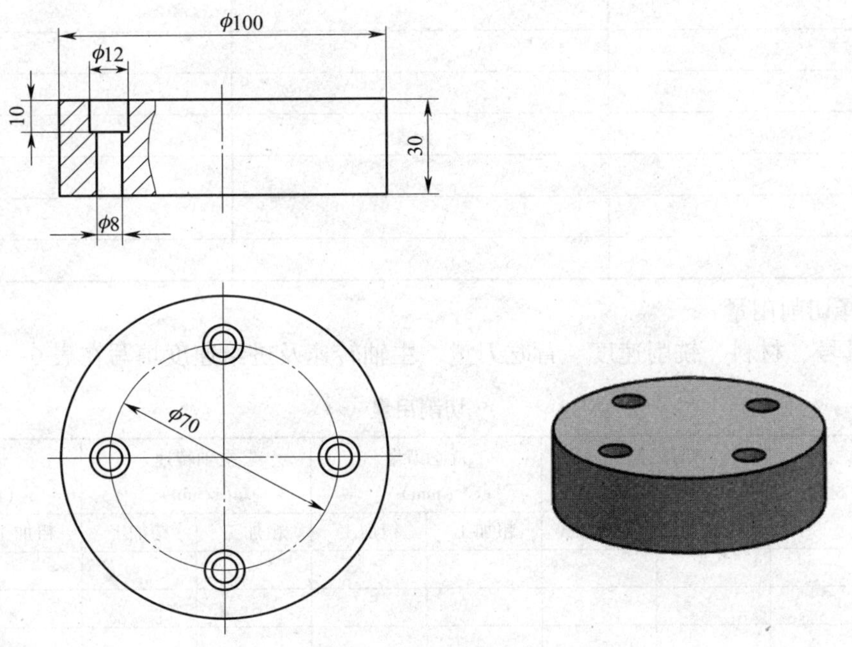

图 6—1　钻孔加工

1. 根据图样写出工艺分析结果。

2. 确定加工刀具路径

根据工艺分析结果在图 6—2 的坐标系中绘制出钻孔加工刀具路径，并将各基点的坐标值填入表 6—1。

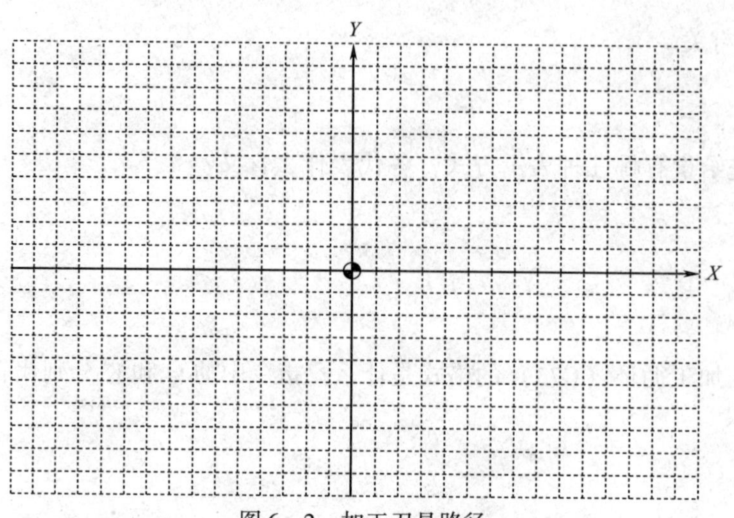

图 6—2　加工刀具路径

表 6—1　各基点坐标值

基点	X	Y

3. 选择切削用量

将刀具号、材料、铣削速度、背吃刀量、主轴转速及进给速度填写在表 6—2 中。

表 6—2　切削用量

刀具号	材料	铣削速度（m/min）		背吃刀量（mm）		主轴转速（r/min）		进给速度（mm/min）	
		粗加工	精加工	粗加工	精加工	粗加工	精加工	粗加工	精加工

4. 确定装夹方式

根据毛坯的形状和加工部位写出工件的装夹方式。

5. 填写数控加工工艺卡

将工步内容及刀具参数填写在表6—3的数控加工工艺卡中。

表6—3 **数控加工工艺卡**

<table>
<tr><td rowspan="2">单位名称</td><td rowspan="2"></td><td colspan="3">产品名称或代号</td><td colspan="2">零件名称</td><td colspan="2">零件图号</td></tr>
<tr><td colspan="3"></td><td colspan="2"></td><td colspan="2"></td></tr>
<tr><td>工序号</td><td>程序编号</td><td colspan="3">夹具名称</td><td colspan="2">使用设备</td><td colspan="2">车间</td></tr>
<tr><td></td><td></td><td colspan="3"></td><td colspan="2"></td><td colspan="2"></td></tr>
<tr><td>工步号</td><td colspan="2">工步内容</td><td>刀具号</td><td>刀具规格（mm）</td><td>主轴转速（r/min）</td><td>进给速度（mm/min）</td><td>背吃刀量（mm）</td><td>备注</td></tr>
<tr><td>1</td><td colspan="2"></td><td></td><td></td><td></td><td></td><td></td><td></td></tr>
<tr><td>2</td><td colspan="2"></td><td></td><td></td><td></td><td></td><td></td><td></td></tr>
<tr><td>3</td><td colspan="2"></td><td></td><td></td><td></td><td></td><td></td><td></td></tr>
<tr><td>4</td><td colspan="2"></td><td></td><td></td><td></td><td></td><td></td><td></td></tr>
<tr><td>5</td><td colspan="2"></td><td></td><td></td><td></td><td></td><td></td><td></td></tr>
<tr><td>编制</td><td></td><td>审核</td><td></td><td>批准</td><td colspan="2">年 月 日</td><td>共 页</td><td>第 页</td></tr>
</table>

6. 程序编制

将图6—2所示路径的加工程序填写在表6—4中。

表6—4 **程序卡**

<table>
<tr><td rowspan="3">数控铣床程序卡</td><td>编程原点</td><td colspan="3"></td><td>编程系统</td><td></td></tr>
<tr><td>零件名称</td><td></td><td>零件图号</td><td></td><td>材料</td><td></td></tr>
<tr><td>机床型号</td><td></td><td>夹具名称</td><td></td><td>实训车间</td><td></td></tr>
</table>

程序段号	程序	程序段号	程序
N010		N160	
N020		N170	
N030		N180	
N040		N190	
N050		N200	
N060		N210	
N070		N220	
N080		N230	
N090		N240	
N100		N250	
N110		N260	
N120		N270	
N130		N280	
N140		N290	
N150		N300	

第二节　镗孔加工

一、填空题（将正确答案填写在横线上）

1. 镗孔是一种加工____________的孔加工方法，一般被安排在____________工序。

2. 镗孔的尺寸公差等级可以达到____________；孔径公差等级可以达到________级；孔的加工表面粗糙度一般为____________。

3. 镗孔一般为孔加工的____________，按加工的步骤可以分为________、________（小直径的孔）、________（大直径的孔）和________。

4. 当采用高精度镗头镗孔时，由于余量较小，直径余量不大于________。

5. 用 G76 指令精镗孔时，主轴在孔底____________后，向刀尖__________移动，然后________退刀。

二、选择题（将正确答案的序号填写在括号内）

1. 精密镗削的加工精度能达到（　　）。

A. IT8 ~ IT7　　B. IT6 ~ IT5

C. IT7 ~ IT6　　D. IT9 ~ IT8

2. （　　）程序段中的 Q 代表刀具在轴反向的位移增量。

A. G87　　B. G81

C. G82　　D. G83

三、判断题（正确的，在括号内打“√”；错误的，在括号内打“×”）

1. 在精密镗孔之前预制孔要经过粗镗、半精镗和精镗工序，为精密镗孔留下很薄而均匀的加工余量。（　　）

2. G87 指令动作时，X 轴和 Y 轴定位后，主轴停止，刀具以与刀尖相反方向按指令 Q 设定的偏移量位移，并快速定位到孔底。（　　）

3. G89 指令动作与 G85 指令动作基本类似，不同的是 G89 指令动作在孔底增加了暂停。（　　）

4. 为了提高加工效率，在指令固定循环前应先使主轴旋转。（　　）

5. 在固定循环方式中，刀具半径补偿功能有效。（　　）

四、问答题

1. 写出精镗孔指令（G76）的格式，并对镗孔轨迹进行说明。

2. 写出镗孔指令（G88）的格式，并简述与指令 G89 的区别。

五、编程题

如图 6—3 所示，试采用固定循环镗孔指令编写零件中心孔的加工程序。已知毛坯尺寸为 ϕ100 mm×30 mm，建议刀具用 ϕ8 mm 钻头、ϕ12 mm 平底铣刀、ϕ40 mm 精镗孔铣刀。

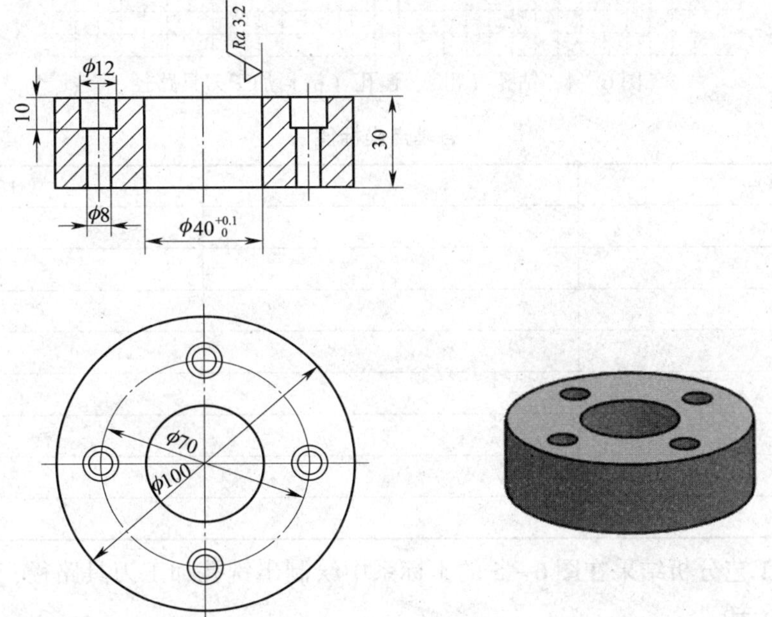

图 6—3　中心孔加工

1. 根据图样写出工艺分析结果。

2. 确定加工刀具路径

（1）根据工艺分析结果在图 6—4 的坐标系中绘制出钻孔（粗）、镗孔（精）加工刀具路径，并将各基点的坐标值填入表 6—5。

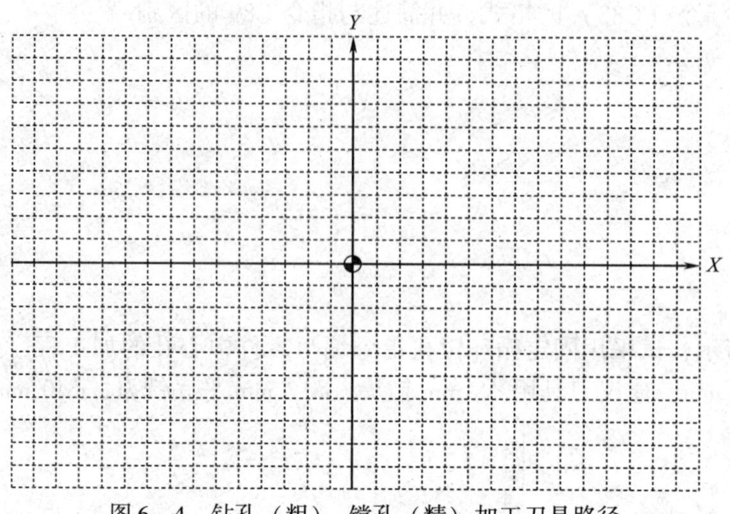

图 6—4　钻孔（粗）、镗孔（精）加工刀具路径

表 6—5　　**各基点坐标值**

基点	X	Y

（2）根据工艺分析结果在图 6—5 的坐标系中绘制出铣孔加工刀具路径，并将各基点的坐标值填入表 6—6。

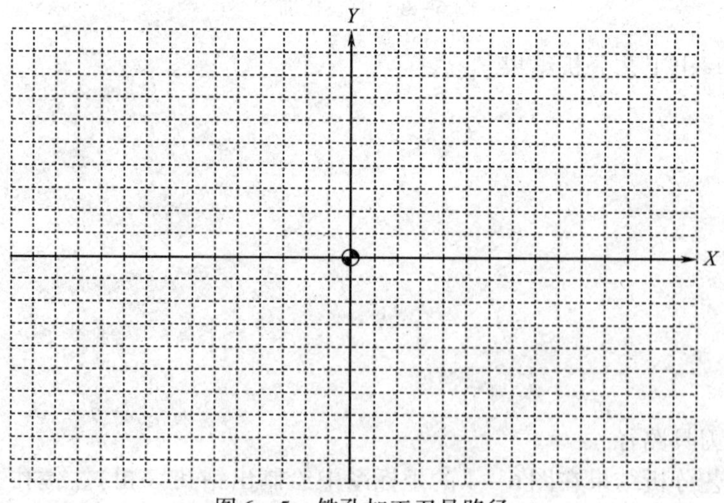

图 6—5　铣孔加工刀具路径

表 6—6　　各基点坐标值

基点	X	Y

3. 选择切削用量

将刀具号、材料、铣削速度、背吃刀量、主轴转速及进给速度填写在表 6—7 中。

表 6—7　　切削用量

刀具号	材料	铣削速度（m/min）		背吃刀量（mm）		主轴转速（r/min）		进给速度（mm/min）	
		粗加工	精加工	粗加工	精加工	粗加工	精加工	粗加工	精加工

4. 确定装夹方式

根据毛坯的形状和加工部位写出工件的装夹方式。

5. 填写数控加工工艺卡

将工步内容及刀具参数填写在表 6—8 的数控加工工艺卡中。

表 6—8　　　　数控加工工艺卡

单位名称		产品名称或代号			零件名称		零件图号	
工序号	程序编号	夹具名称			使用设备		车间	
工步号	工步内容		刀具号	刀具规格（mm）	主轴转速（r/min）	进给速度（mm/min）	背吃刀量（mm）	备注
1								
2								
3								
4								
5								
编制		审核	批准		年　月　日		共　页	第　页

6. 程序编制

将图 6—4 所示的钻孔加工程序填写在表 6—9 中，图 6—5 所示的铣孔加工程序填写在表 6—10 中，图 6—4 所示的镗孔加工程序填写在表 6—11 中。

表 6—9　　　　程序卡

数控铣床程序卡	编程原点				编程系统	
	零件名称		零件图号		材料	
	机床型号		夹具名称		实训车间	

程序段号	程序	程序段号	程序
N010		N160	
N020		N170	
N030		N180	
N040		N190	
N050		N200	
N060		N210	
N070		N220	
N080		N230	
N090		N240	
N100		N250	
N110		N260	
N120		N270	
N130		N280	
N140		N290	
N150		N300	

表 6—10　　程序卡

数控铣床程序卡	编程原点			编程系统	
	零件名称		零件图号		材料	
	机床型号		夹具名称		实训车间	

程序段号	程序	程序段号	程序
N010		N160	
N020		N170	
N030		N180	
N040		N190	
N050		N200	
N060		N210	
N070		N220	
N080		N230	
N090		N240	
N100		N250	
N110		N260	
N120		N270	
N130		N280	
N140		N290	
N150		N300	

表 6—11　　程序卡

数控铣床程序卡	编程原点			编程系统	
	零件名称		零件图号		材料	
	机床型号		夹具名称		实训车间	

程序段号	程序	程序段号	程序
N010		N160	
N020		N170	
N030		N180	
N040		N190	
N050		N200	
N060		N210	
N070		N220	
N080		N230	
N090		N240	
N100		N250	
N110		N260	
N120		N270	
N130		N280	
N140		N290	
N150		N300	

第三节　攻螺纹

一、填空题（将正确答案填写在横线上）

1. 在加工内螺纹时通常采用____________，丝锥的工作部分包括____________部分和____________部分。

2. 攻螺纹的切削速度一般为________________。

二、选择题（将正确答案的序号填写在括号内）

1. 螺纹编程时进给一般采用每转进给量，用指令（　　）表示。

A. G94　　B. G95

C. G98　　D. G99

2. 在铸铁工件上攻螺纹，底孔直径 $D=$（　　）。

A. $d-P$　　B. $d-1.2P$

C. $d-1.1P$　　D. $d-2P$

三、判断题（正确的，在括号内打"√"；错误的，在括号内打"×"）

1. 执行 G84 指令时，刀具快速在 YZ 平面定位。（　　）

2. 编程时注意刀具旋转的高度应高出工件上表面 5 mm，从而使主轴获得正常的转速后再攻入工件。（　　）

四、问答题

写出攻左旋螺纹指令（G74）的格式，并对式中的代码进行说明。

五、计算题

已知某钢板上需要加工一个 M12 的内螺纹，试计算孔底直径及攻螺纹时的主轴转速。

六、编程题

如图 6—6 所示，试采用固定循环攻螺纹指令编写零件的加工程序。已知毛坯尺寸为 60 mm×50 mm×20 mm，建议刀具用 ϕ8.4 mm 钻头、M10×1.5 mm 丝锥。

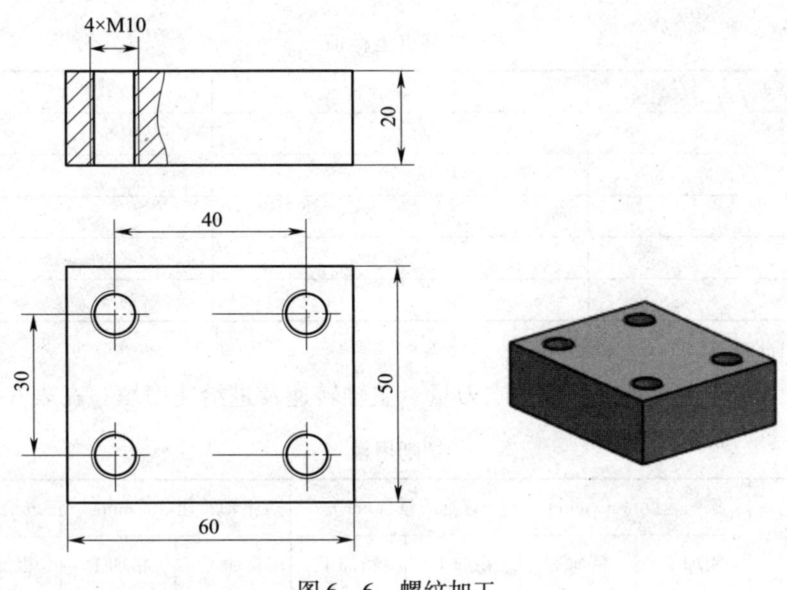

图 6—6　螺纹加工

1. 根据图样写出工艺分析结果。

2. 确定加工刀具路径

根据工艺分析结果在图 6—7 的坐标系中绘制出钻孔、攻螺纹加工刀具路径，并将各基点的坐标值填入表 6—12。

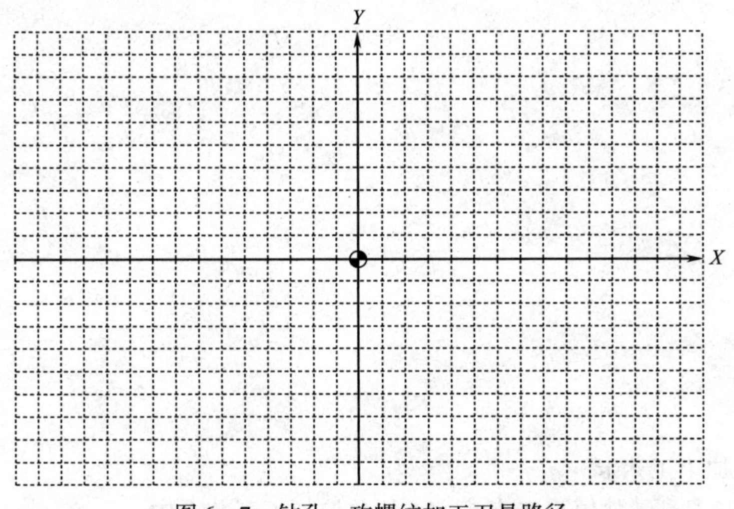

图 6—7　钻孔、攻螺纹加工刀具路径

表 6—12　　各基点坐标值

基点	X	Y

3. 选择切削用量

将刀具号、材料、铣削速度、背吃刀量、主轴转速及进给速度填写在表 6—13 中。

表 6—13　　切削用量

刀具号	材料	铣削速度（m/min）		背吃刀量（mm）		主轴转速（r/min）		进给速度（mm/min）	
		粗加工	精加工	粗加工	精加工	粗加工	精加工	粗加工	精加工

4. 确定装夹方式

根据毛坯的形状和加工部位写出工件的装夹方式。

5. 填写数控加工工艺卡

将工步内容及刀具参数填写在表 6—14 的数控加工工艺卡中。

表 6—14　　数控加工工艺卡

<table>
<tr><td rowspan="2">单位名称</td><td colspan="3">产品名称或代号</td><td colspan="2">零件名称</td><td colspan="2">零件图号</td></tr>
<tr><td colspan="3"></td><td colspan="2"></td><td colspan="2"></td></tr>
<tr><td>工序号</td><td>程序编号</td><td colspan="2">夹具名称</td><td colspan="2">使用设备</td><td colspan="2">车间</td></tr>
<tr><td></td><td></td><td colspan="2"></td><td colspan="2"></td><td colspan="2"></td></tr>
<tr><td>工步号</td><td>工步内容</td><td>刀具号</td><td>刀具规格（mm）</td><td>主轴转速（r/min）</td><td>进给速度（mm/min）</td><td>背吃刀量（mm）</td><td>备注</td></tr>
<tr><td>1</td><td></td><td></td><td></td><td></td><td></td><td></td><td></td></tr>
<tr><td>2</td><td></td><td></td><td></td><td></td><td></td><td></td><td></td></tr>
<tr><td>3</td><td></td><td></td><td></td><td></td><td></td><td></td><td></td></tr>
<tr><td>4</td><td></td><td></td><td></td><td></td><td></td><td></td><td></td></tr>
<tr><td>5</td><td></td><td></td><td></td><td></td><td></td><td></td><td></td></tr>
<tr><td>编制</td><td></td><td>审核</td><td></td><td>批准</td><td>年　月　日</td><td>共　页</td><td>第　页</td></tr>
</table>

6. 程序编制

将图 6—7 所示的钻孔加工刀具路径程序填写在表 6—15 中，攻螺纹加工刀具路径程序填写在表 6—16 中。

表 6—15　　程序卡

<table>
<tr><td rowspan="3">数控铣床程序卡</td><td>编程原点</td><td colspan="3"></td><td>编程系统</td><td></td></tr>
<tr><td>零件名称</td><td></td><td>零件图号</td><td></td><td>材料</td><td></td></tr>
<tr><td>机床型号</td><td></td><td>夹具名称</td><td></td><td>实训车间</td><td></td></tr>
<tr><td>程序段号</td><td colspan="2">程序</td><td colspan="2">程序段号</td><td colspan="2">程序</td></tr>
<tr><td>N010</td><td colspan="2"></td><td colspan="2">N160</td><td colspan="2"></td></tr>
<tr><td>N020</td><td colspan="2"></td><td colspan="2">N170</td><td colspan="2"></td></tr>
<tr><td>N030</td><td colspan="2"></td><td colspan="2">N180</td><td colspan="2"></td></tr>
<tr><td>N040</td><td colspan="2"></td><td colspan="2">N190</td><td colspan="2"></td></tr>
<tr><td>N050</td><td colspan="2"></td><td colspan="2">N200</td><td colspan="2"></td></tr>
<tr><td>N060</td><td colspan="2"></td><td colspan="2">N210</td><td colspan="2"></td></tr>
<tr><td>N070</td><td colspan="2"></td><td colspan="2">N220</td><td colspan="2"></td></tr>
<tr><td>N080</td><td colspan="2"></td><td colspan="2">N230</td><td colspan="2"></td></tr>
<tr><td>N090</td><td colspan="2"></td><td colspan="2">N240</td><td colspan="2"></td></tr>
<tr><td>N100</td><td colspan="2"></td><td colspan="2">N250</td><td colspan="2"></td></tr>
<tr><td>N110</td><td colspan="2"></td><td colspan="2">N260</td><td colspan="2"></td></tr>
<tr><td>N120</td><td colspan="2"></td><td colspan="2">N270</td><td colspan="2"></td></tr>
<tr><td>N130</td><td colspan="2"></td><td colspan="2">N280</td><td colspan="2"></td></tr>
<tr><td>N140</td><td colspan="2"></td><td colspan="2">N290</td><td colspan="2"></td></tr>
<tr><td>N150</td><td colspan="2"></td><td colspan="2">N300</td><td colspan="2"></td></tr>
</table>

表 6—16 程序卡

数控铣床程序卡	编程原点				编程系统	
	零件名称		零件图号		材料	
	机床型号		夹具名称		实训车间	

程序段号	程序	程序段号	程序
N010		N160	
N020		N170	
N030		N180	
N040		N190	
N050		N200	
N060		N210	
N070		N220	
N080		N230	
N090		N240	
N100		N250	
N110		N260	
N120		N270	
N130		N280	
N140		N290	
N150		N300	

第七章　中级职业技能鉴定实例

实例 1

如图 7—1 所示，试采用已学的编程指令编写零件的加工程序。已知毛坯尺寸为 100 mm × 80 mm × 28 mm。

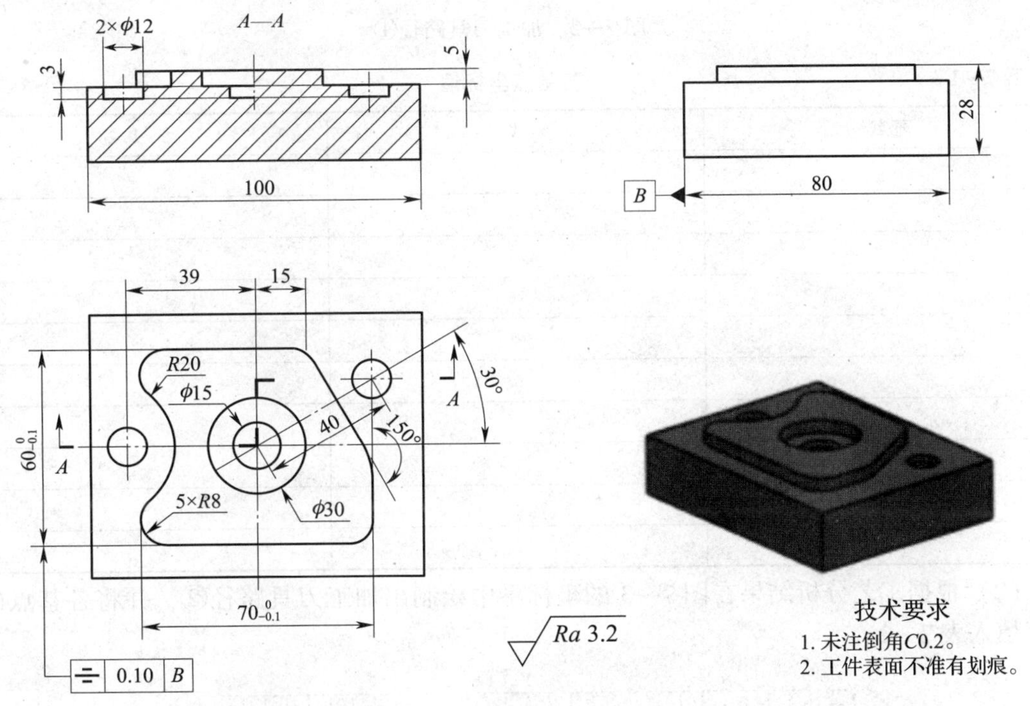

图 7—1　中级职业技能鉴定实例 1

1. 根据图样写出工艺分析结果。

2. 确定加工刀具路径

（1）根据工艺分析结果在图 7—2 的坐标系中绘制出加工刀具路径①，并将各基点的坐标值填入表 7—1。

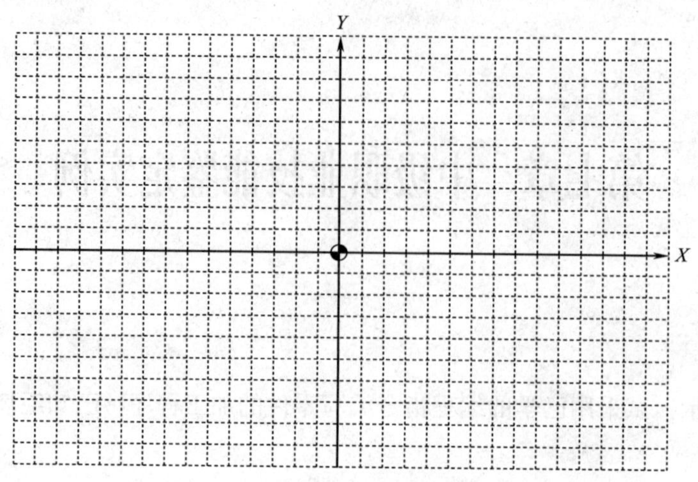

图 7—2　加工刀具路径①

表 7—1　　**各基点坐标值**

基点	X	Y

（2）根据工艺分析结果在图 7—3 的坐标系中绘制出加工刀具路径②，并将各基点的坐标值填入表 7—2。

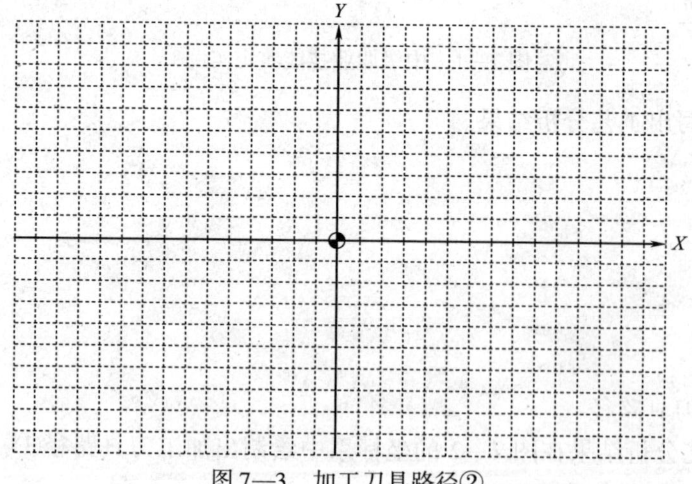

图 7—3　加工刀具路径②

表 7—2　　　　　　　　　　　各基点坐标值

基点	X	Y

（3）根据工艺分析结果在图 7—4 的坐标系中绘制出加工刀具路径③，并将各基点的坐标值填入表 7—3。

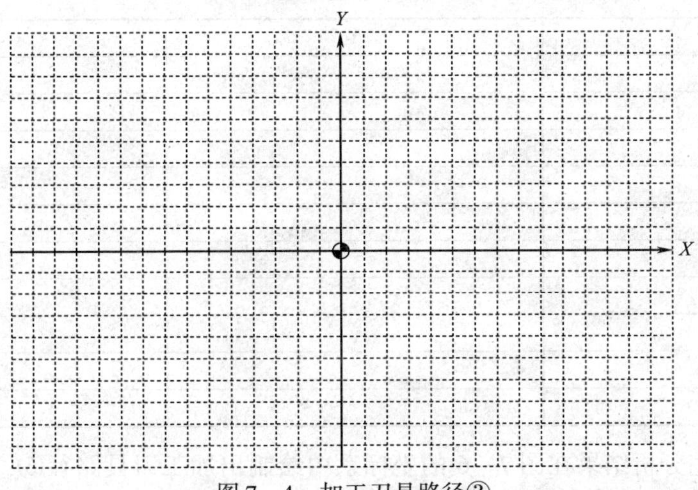

图 7—4　加工刀具路径③

表 7—3　　　　　　　　　　　各基点坐标值

基点	X	Y

（4）根据工艺分析结果在图 7—5 的坐标系中绘制出加工刀具路径④，并将各基点的坐标值填入表 7—4。

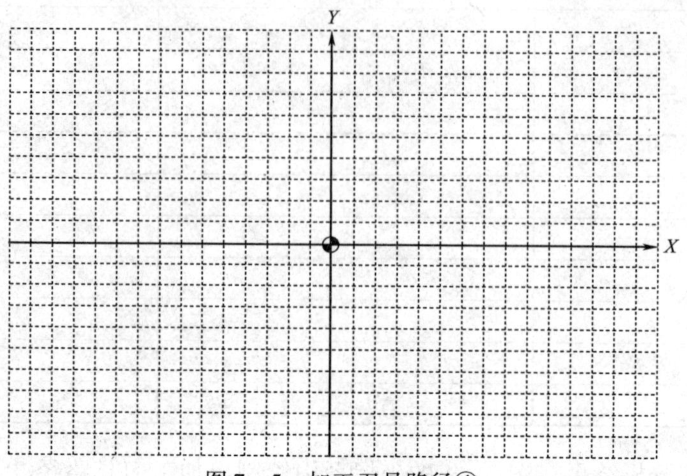

图 7—5　加工刀具路径④

表 7—4　　各基点坐标值

基点	X	Y

（5）根据工艺分析结果在图 7—6 的坐标系中绘制出加工刀具路径⑤，并将各基点的坐标值填入表 7—5。

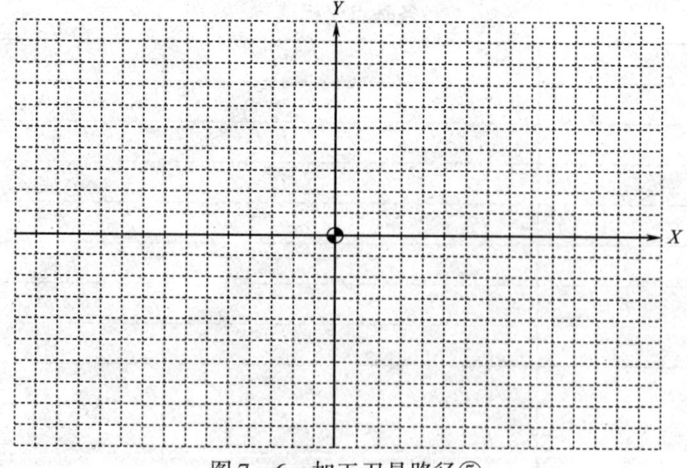

图 7—6　加工刀具路径⑤

表 7—5 各基点坐标值

基点	X	Y

3. 选择切削用量

将刀具号、材料、铣削速度、背吃刀量、主轴转速及进给速度填写在表 7—6 中。

表 7—6 切削用量

刀具号	材料	铣削速度（m/min）		背吃刀量（mm）		主轴转速（r/min）		进给速度（mm/min）	
		粗加工	精加工	粗加工	精加工	粗加工	精加工	粗加工	精加工

4. 确定装夹方式

根据毛坯的形状和加工部位写出工件的装夹方式。

5. 填写数控加工工艺卡

将工步内容及刀具参数填写在表 7—7 的数控加工工艺卡中。

表 7—7 数控加工工艺卡

<table>
<tr><td rowspan="2">单位名称</td><td colspan="3">产品名称或代号</td><td colspan="3">零件名称</td><td colspan="2">零件图号</td></tr>
<tr><td colspan="3"></td><td colspan="3"></td><td colspan="2"></td></tr>
<tr><td>工序号</td><td>程序编号</td><td colspan="2">夹具名称</td><td colspan="3">使用设备</td><td colspan="2">车间</td></tr>
<tr><td></td><td></td><td colspan="2"></td><td colspan="3"></td><td colspan="2"></td></tr>
<tr><td>工步号</td><td>工步内容</td><td>刀具号</td><td>刀具规格（mm）</td><td>主轴转速（r/min）</td><td colspan="2">进给速度（mm/min）</td><td>背吃刀量（mm）</td><td>备注</td></tr>
<tr><td>1</td><td></td><td></td><td></td><td></td><td colspan="2"></td><td></td><td></td></tr>
<tr><td>2</td><td></td><td></td><td></td><td></td><td colspan="2"></td><td></td><td></td></tr>
<tr><td>3</td><td></td><td></td><td></td><td></td><td colspan="2"></td><td></td><td></td></tr>
<tr><td>4</td><td></td><td></td><td></td><td></td><td colspan="2"></td><td></td><td></td></tr>
<tr><td>5</td><td></td><td></td><td></td><td></td><td colspan="2"></td><td></td><td></td></tr>
<tr><td>编制</td><td></td><td>审核</td><td></td><td>批准</td><td colspan="2">年　月　日</td><td>共　页</td><td>第　页</td></tr>
</table>

6. 程序编制

将图 7—2 所示的加工刀具路径①程序填写在表 7—8 中，图 7—3 所示的加工刀具路径②程序填写在表 7—9 中，图 7—4 所示的加工刀具路径③程序填写在表 7—10 中，图 7—5 所示的加工刀具路径④程序填写在表 7—11 中，图 7—6 所示的加工刀具路径⑤程序填写在表 7—12 中。

表 7—8 程序卡

<table>
<tr><td rowspan="3">数控铣床程序卡</td><td>编程原点</td><td colspan="3"></td><td>编程系统</td><td></td></tr>
<tr><td>零件名称</td><td></td><td>零件图号</td><td></td><td>材料</td><td></td></tr>
<tr><td>机床型号</td><td></td><td>夹具名称</td><td></td><td>实训车间</td><td></td></tr>
<tr><td>程序段号</td><td colspan="2">程序</td><td>程序段号</td><td colspan="3">程序</td></tr>
<tr><td>N010</td><td colspan="2"></td><td>N160</td><td colspan="3"></td></tr>
<tr><td>N020</td><td colspan="2"></td><td>N170</td><td colspan="3"></td></tr>
<tr><td>N030</td><td colspan="2"></td><td>N180</td><td colspan="3"></td></tr>
<tr><td>N040</td><td colspan="2"></td><td>N190</td><td colspan="3"></td></tr>
<tr><td>N050</td><td colspan="2"></td><td>N200</td><td colspan="3"></td></tr>
<tr><td>N060</td><td colspan="2"></td><td>N210</td><td colspan="3"></td></tr>
<tr><td>N070</td><td colspan="2"></td><td>N220</td><td colspan="3"></td></tr>
<tr><td>N080</td><td colspan="2"></td><td>N230</td><td colspan="3"></td></tr>
<tr><td>N090</td><td colspan="2"></td><td>N240</td><td colspan="3"></td></tr>
<tr><td>N100</td><td colspan="2"></td><td>N250</td><td colspan="3"></td></tr>
<tr><td>N110</td><td colspan="2"></td><td>N260</td><td colspan="3"></td></tr>
<tr><td>N120</td><td colspan="2"></td><td>N270</td><td colspan="3"></td></tr>
<tr><td>N130</td><td colspan="2"></td><td>N280</td><td colspan="3"></td></tr>
<tr><td>N140</td><td colspan="2"></td><td>N290</td><td colspan="3"></td></tr>
<tr><td>N150</td><td colspan="2"></td><td>N300</td><td colspan="3"></td></tr>
</table>

表 7—9　　程序卡

数控铣床程序卡	编程原点				编程系统	
	零件名称		零件图号		材料	
	机床型号		夹具名称		实训车间	

程序段号	程序	程序段号	程序
N010		N160	
N020		N170	
N030		N180	
N040		N190	
N050		N200	
N060		N210	
N070		N220	
N080		N230	
N090		N240	
N100		N250	
N110		N260	
N120		N270	
N130		N280	
N140		N290	
N150		N300	

表 7—10　　程序卡

数控铣床程序卡	编程原点				编程系统	
	零件名称		零件图号		材料	
	机床型号		夹具名称		实训车间	

程序段号	程序	程序段号	程序
N010		N160	
N020		N170	
N030		N180	
N040		N190	
N050		N200	
N060		N210	
N070		N220	
N080		N230	
N090		N240	
N100		N250	
N110		N260	
N120		N270	
N130		N280	
N140		N290	
N150		N300	

表 7—11　　程序卡

数控铣床程序卡	编程原点				编程系统	
	零件名称		零件图号		材料	
	机床型号		夹具名称		实训车间	

程序段号	程序	程序段号	程序
N010		N160	
N020		N170	
N030		N180	
N040		N190	
N050		N200	
N060		N210	
N070		N220	
N080		N230	
N090		N240	
N100		N250	
N110		N260	
N120		N270	
N130		N280	
N140		N290	
N150		N300	

表 7—12　　程序卡

数控铣床程序卡	编程原点				编程系统	
	零件名称		零件图号		材料	
	机床型号		夹具名称		实训车间	

程序段号	程序	程序段号	程序
N010		N160	
N020		N170	
N030		N180	
N040		N190	
N050		N200	
N060		N210	
N070		N220	
N080		N230	
N090		N240	
N100		N250	
N110		N260	
N120		N270	
N130		N280	
N140		N290	
N150		N300	

实例 2

如图 7—7 所示，试采用已学的编程指令编写零件的加工程序。已知毛坯尺寸为 100 mm × 80 mm × 28 mm。

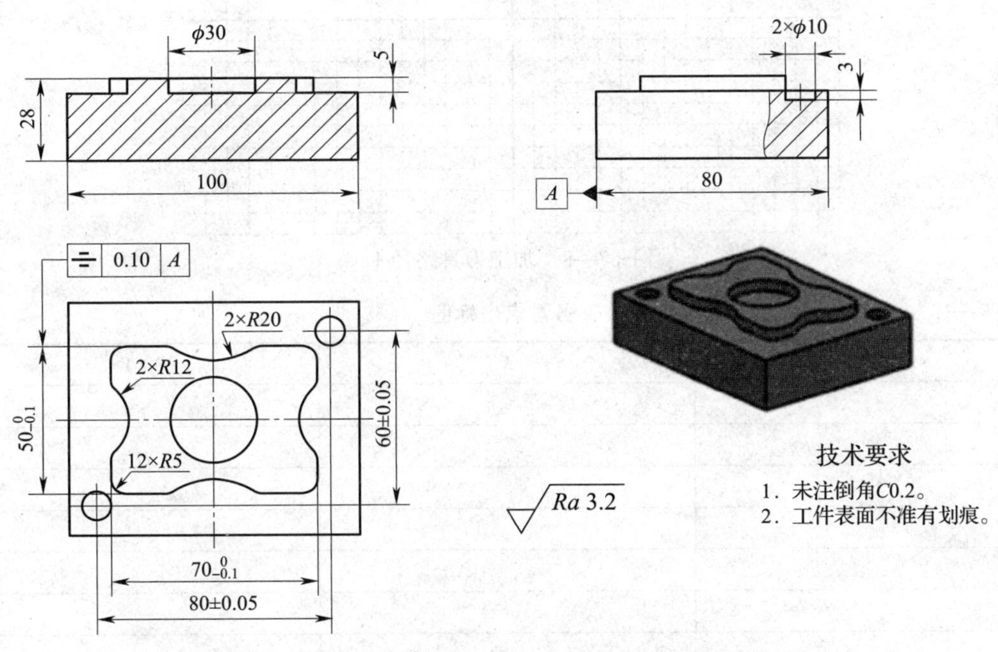

图 7—7　中级职业技能鉴定实例 2

1. 根据图样写出工艺分析结果。

2. 确定加工刀具路径

（1）根据工艺分析结果在图 7—8 的坐标系中绘制出加工刀具路径①，并将各基点的坐标值填入表 7—13。

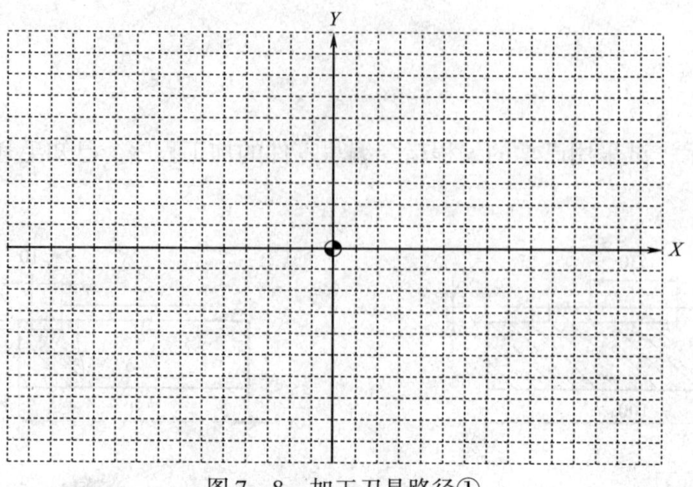

图 7—8　加工刀具路径①

表 7—13　**各基点坐标值**

基点	X	Y

（2）根据工艺分析结果在图 7—9 的坐标系中绘制出加工刀具路径②，并将各基点的坐标值填入表 7—14。

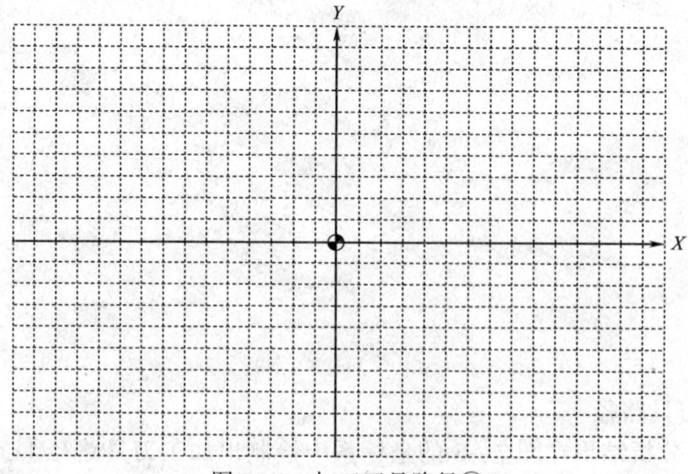

图 7—9　加工刀具路径②

表 7—14　　各基点坐标值

基点	X	Y

（3）根据工艺分析结果在图 7—10 的坐标系中绘制出加工刀具路径③，并将各基点的坐标值填入表 7—15。

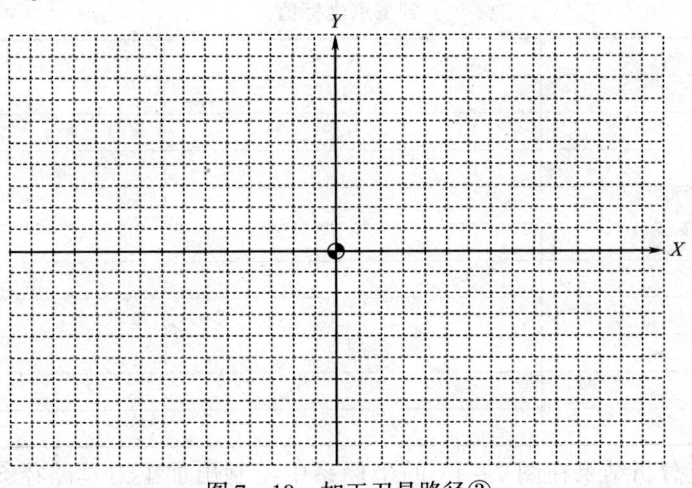

图 7—10　加工刀具路径③

表 7—15　　各基点坐标值

基点	X	Y

（4）根据工艺分析结果在图 7—11 的坐标系中绘制出加工刀具路径④，并将各基点的坐标值填入表 7—16。

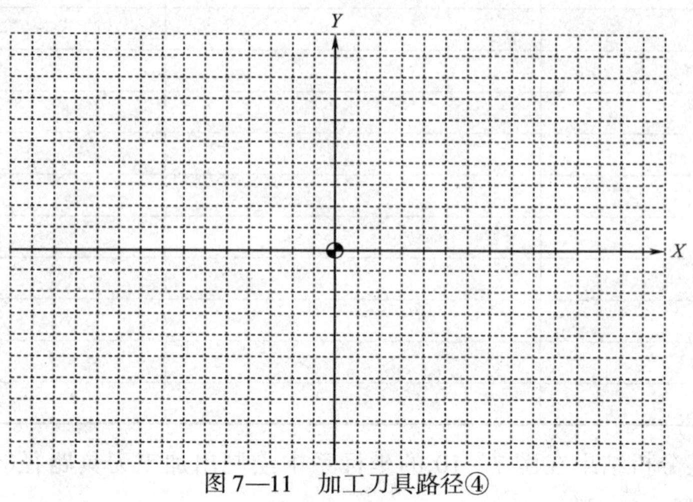

图 7—11　加工刀具路径④

表 7—16　　**各基点坐标值**

基点	X	Y

（5）根据工艺分析结果在图 7—12 的坐标系中绘制出加工刀具路径⑤，并将各基点的坐标值填入表 7—17。

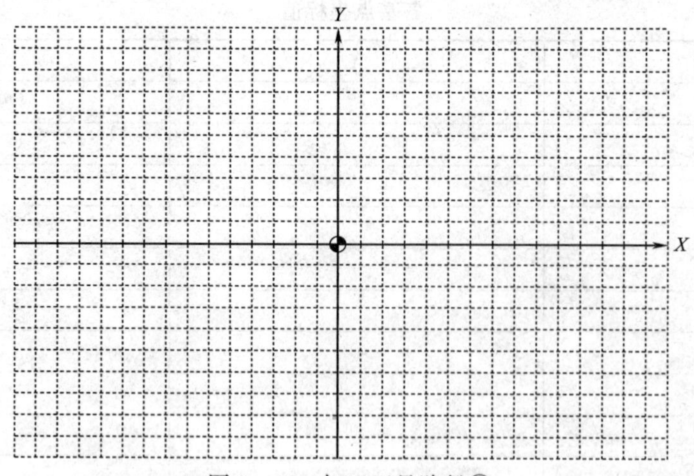

图 7—12　加工刀具路径⑤

表 7—17 各基点坐标值

基点	X	Y

3. 选择切削用量

将刀具号、材料、铣削速度、背吃刀量、主轴转速及进给速度填写在表 7—18 中。

表 7—18 切削用量

刀具号	材料	铣削速度（m/min）		背吃刀量（mm）		主轴转速（r/min）		进给速度（mm/min）	
		粗加工	精加工	粗加工	精加工	粗加工	精加工	粗加工	精加工

4. 确定装夹方式

根据毛坯的形状和加工部位写出工件的装夹方式。

5. 填写数控加工工艺卡

将工步内容及刀具参数填写在表 7—19 的数控加工工艺卡中。

表 7—19　　　　数控加工工艺卡

单位名称		产品名称或代号				零件名称		零件图号	
工序号	程序编号	夹具名称				使用设备		车间	
工步号	工步内容		刀具号	刀具规格（mm）	主轴转速（r/min）	进给速度（mm/min）		背吃刀量（mm）	备注
1									
2									
3									
4									
5									
编制		审核	批准		年　月　日		共　页		第　页

6. 程序编制

将图 7—8 所示的加工刀具路径①程序填写在表 7—20 中，图 7—9 所示的加工刀具路径②程序填写在表 7—21 中，图 7—10 所示的加工刀具路径③程序填写在表 7—22 中，图 7—11 所示的加工刀具路径④程序填写在表 7—23 中，图 7—12 所示的加工刀具路径⑤程序填写在表 7—24 中。

表 7—20　　　　程序卡

数控铣床程序卡	编程原点				编程系统	
	零件名称		零件图号		材料	
	机床型号		夹具名称		实训车间	

程序段号	程序	程序段号	程序
N010		N160	
N020		N170	
N030		N180	
N040		N190	
N050		N200	
N060		N210	
N070		N220	
N080		N230	
N090		N240	
N100		N250	
N110		N260	
N120		N270	
N130		N280	
N140		N290	
N150		N300	

表 7—21　　程序卡

数控铣床程序卡	编程原点				编程系统	
	零件名称		零件图号		材料	
	机床型号		夹具名称		实训车间	

程序段号	程序	程序段号	程序
N010		N160	
N020		N170	
N030		N180	
N040		N190	
N050		N200	
N060		N210	
N070		N220	
N080		N230	
N090		N240	
N100		N250	
N110		N260	
N120		N270	
N130		N280	
N140		N290	
N150		N300	

表 7—22　　程序卡

数控铣床程序卡	编程原点				编程系统	
	零件名称		零件图号		材料	
	机床型号		夹具名称		实训车间	

程序段号	程序	程序段号	程序
N010		N160	
N020		N170	
N030		N180	
N040		N190	
N050		N200	
N060		N210	
N070		N220	
N080		N230	
N090		N240	
N100		N250	
N110		N260	
N120		N270	
N130		N280	
N140		N290	
N150		N300	

表 7—23

程序卡

数控铣床 程序卡	编程原点				编程系统	
	零件名称		零件图号		材料	
	机床型号		夹具名称		实训车间	

程序段号	程序	程序段号	程序
N010		N160	
N020		N170	
N030		N180	
N040		N190	
N050		N200	
N060		N210	
N070		N220	
N080		N230	
N090		N240	
N100		N250	
N110		N260	
N120		N270	
N130		N280	
N140		N290	
N150		N300	

表 7—24

程序卡

数控铣床 程序卡	编程原点				编程系统	
	零件名称		零件图号		材料	
	机床型号		夹具名称		实训车间	

程序段号	程序	程序段号	程序
N010		N160	
N020		N170	
N030		N180	
N040		N190	
N050		N200	
N060		N210	
N070		N220	
N080		N230	
N090		N240	
N100		N250	
N110		N260	
N120		N270	
N130		N280	
N140		N290	
N150		N300	

实例 3

如图 7—13 所示，试采用已学的编程指令编写零件的加工程序。已知毛坯尺寸为 100 mm × 80 mm × 28 mm。

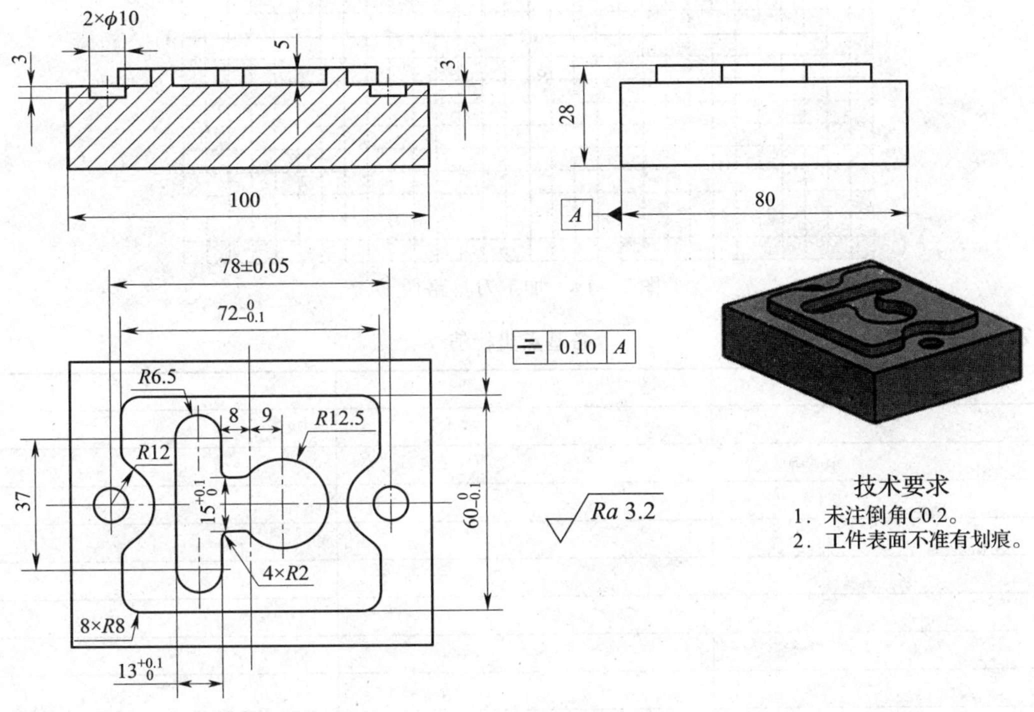

图 7—13 中级职业技能鉴定实例 3

1．根据图样写出工艺分析结果。

2．确定加工刀具路径

（1）根据工艺分析结果在图 7—14 的坐标系中绘制出加工刀具路径①，并将各基点的坐标值填入表 7—25。

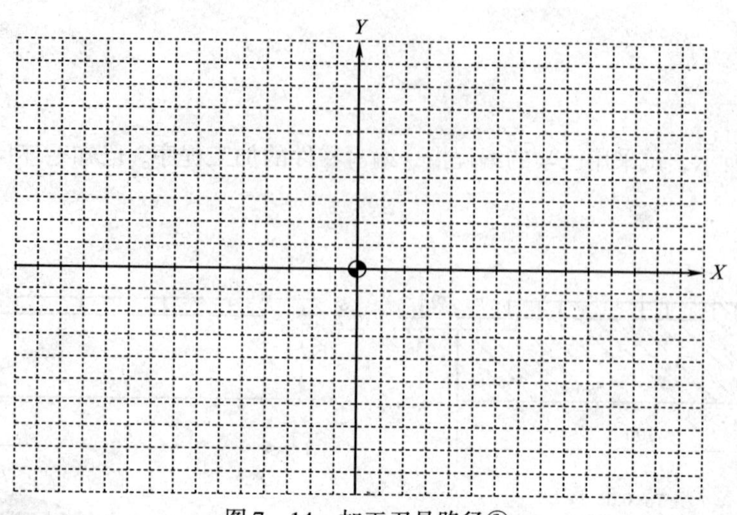

图 7—14　加工刀具路径①

表 7—25　　　　**各基点坐标值**

基点	X	Y

（2）根据工艺分析结果在图 7—15 的坐标系中绘制出加工刀具路径②，并将各基点的坐标值填入表 7—26。

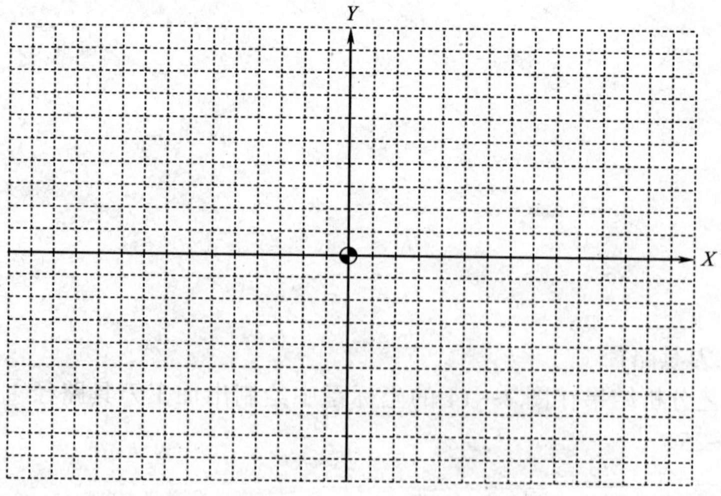

图 7—15　加工刀具路径②

表 7—26 **各基点坐标值**

基点	X	Y

（3）根据工艺分析结果在图 7—16 的坐标系中绘制出加工刀具路径③，并将各基点的坐标值填入表 7—27。

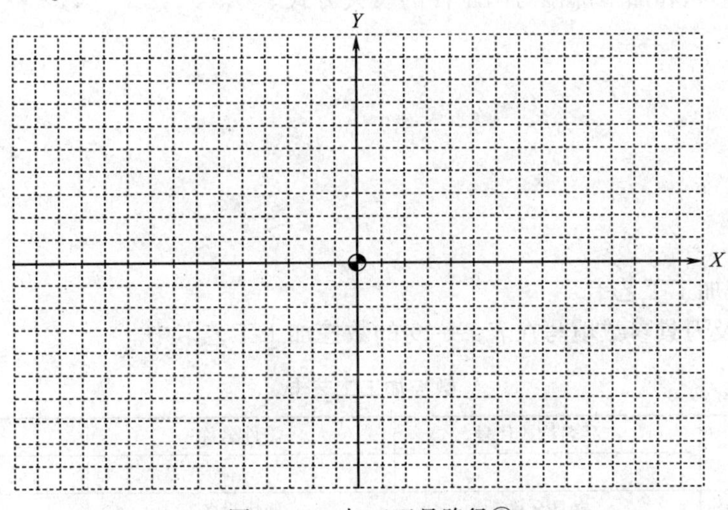

图 7—16　加工刀具路径③

表 7—27 **各基点坐标值**

基点	X	Y

3. 选择切削用量

将刀具号、材料、铣削速度、背吃刀量、主轴转速及进给速度填写在表7—28中。

表7—28 **切削用量**

刀具号	材料	铣削速度（m/min）		背吃刀量（mm）		主轴转速（r/min）		进给速度（mm/min）	
		粗加工	精加工	粗加工	精加工	粗加工	精加工	粗加工	精加工

4. 确定装夹方式

根据毛坯的形状和加工部位写出工件的装夹方式。

5. 填写数控加工工艺卡

将工步内容及刀具参数填写在表7—29的数控加工工艺卡中。

表7—29 **数控加工工艺卡**

<table>
<tr><td rowspan="2">单位名称</td><td rowspan="2"></td><td colspan="3">产品名称或代号</td><td colspan="2">零件名称</td><td colspan="2">零件图号</td></tr>
<tr><td colspan="3"></td><td colspan="2"></td><td colspan="2"></td></tr>
<tr><td>工序号</td><td>程序编号</td><td colspan="3">夹具名称</td><td colspan="2">使用设备</td><td colspan="2">车间</td></tr>
<tr><td></td><td></td><td colspan="3"></td><td colspan="2"></td><td colspan="2"></td></tr>
<tr><td>工步号</td><td colspan="2">工步内容</td><td>刀具号</td><td>刀具规格（mm）</td><td>主轴转速（r/min）</td><td>进给速度（mm/min）</td><td>背吃刀量（mm）</td><td>备注</td></tr>
<tr><td>1</td><td colspan="2"></td><td></td><td></td><td></td><td></td><td></td><td></td></tr>
<tr><td>2</td><td colspan="2"></td><td></td><td></td><td></td><td></td><td></td><td></td></tr>
<tr><td>3</td><td colspan="2"></td><td></td><td></td><td></td><td></td><td></td><td></td></tr>
<tr><td>4</td><td colspan="2"></td><td></td><td></td><td></td><td></td><td></td><td></td></tr>
<tr><td>5</td><td colspan="2"></td><td></td><td></td><td></td><td></td><td></td><td></td></tr>
<tr><td>编制</td><td></td><td>审核</td><td></td><td>批准</td><td colspan="2">年 月 日</td><td>共 页</td><td>第 页</td></tr>
</table>

6. 程序编制

将图 7—14 所示的加工刀具路径①程序填写在表 7—30 中，图 7—15 所示的加工刀具路径②程序填写在表 7—31 中，图 7—16 所示的加工刀具路径③程序填写在表 7—32 中。

表 7—30 **程序卡**

<table>
<tr><td rowspan="3">数控铣床
程序卡</td><td>编程原点</td><td colspan="3"></td><td>编程系统</td><td></td></tr>
<tr><td>零件名称</td><td></td><td>零件图号</td><td></td><td>材料</td><td></td></tr>
<tr><td>机床型号</td><td></td><td>夹具名称</td><td></td><td>实训车间</td><td></td></tr>
</table>

程序段号	程序	程序段号	程序
N010		N160	
N020		N170	
N030		N180	
N040		N190	
N050		N200	
N060		N210	
N070		N220	
N080		N230	
N090		N240	
N100		N250	
N110		N260	
N120		N270	
N130		N280	
N140		N290	
N150		N300	

表 7—31　　程序卡

数控铣床程序卡	编程原点				编程系统	
	零件名称		零件图号		材料	
	机床型号		夹具名称		实训车间	

程序段号	程序	程序段号	程序
N010		N160	
N020		N170	
N030		N180	
N040		N190	
N050		N200	
N060		N210	
N070		N220	
N080		N230	
N090		N240	
N100		N250	
N110		N260	
N120		N270	
N130		N280	
N140		N290	
N150		N300	

表 7—32　　程序卡

数控铣床程序卡	编程原点				编程系统	
	零件名称		零件图号		材料	
	机床型号		夹具名称		实训车间	

程序段号	程序	程序段号	程序
N010		N160	
N020		N170	
N030		N180	
N040		N190	
N050		N200	
N060		N210	
N070		N220	
N080		N230	
N090		N240	
N100		N250	
N110		N260	
N120		N270	
N130		N280	
N140		N290	
N150		N300	

实例 4

如图 7—17 所示，试采用已学的编程指令编写零件的加工程序。已知毛坯尺寸为 100 mm × 80 mm × 28 mm。

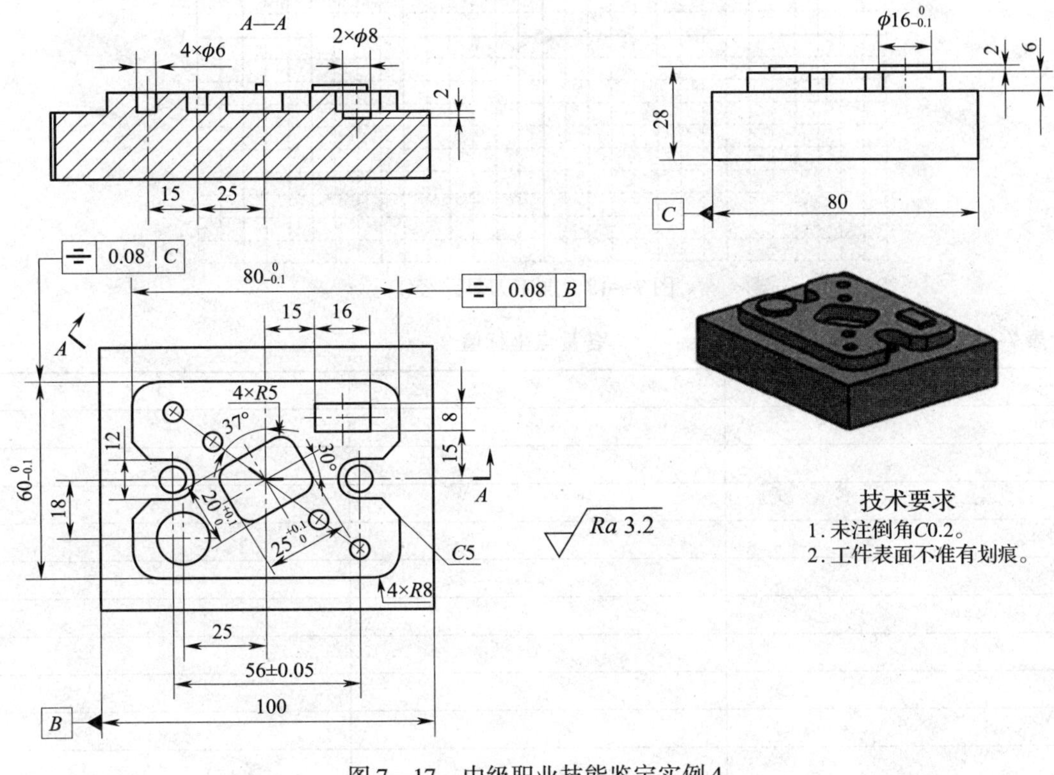

图 7—17　中级职业技能鉴定实例 4

1. 根据图样写出工艺分析结果。

2. 确定加工刀具路径

（1）根据工艺分析结果在图 7—18 的坐标系中绘制出加工刀具路径①，并将各基点的坐标值填入表 7—33。

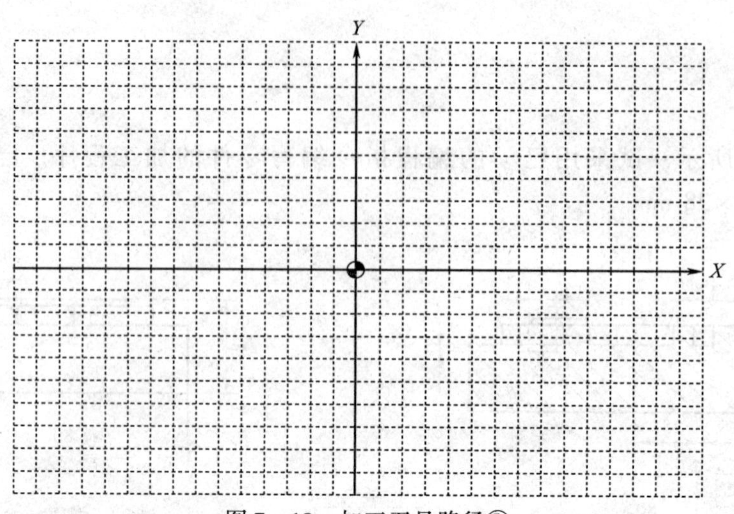

图 7—18　加工刀具路径①

表 7—33　　　　　　　　　　**各基点坐标值**

基点	X	Y

（2）根据工艺分析结果在图 7—19 的坐标系中绘制出加工刀具路径②，并将各基点的坐标值填入表 7—34。

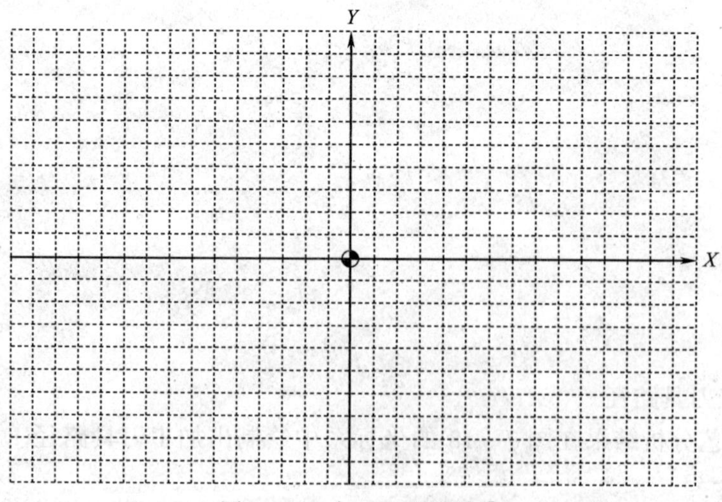

图 7—19　加工刀具路径②

表 7—34　　　　　　　　　　　　　　　　各基点坐标值

基点	*X*	*Y*

（3）根据工艺分析结果在图 7—20 的坐标系中绘制出加工刀具路径③，并将各基点的坐标值填入表 7—35。

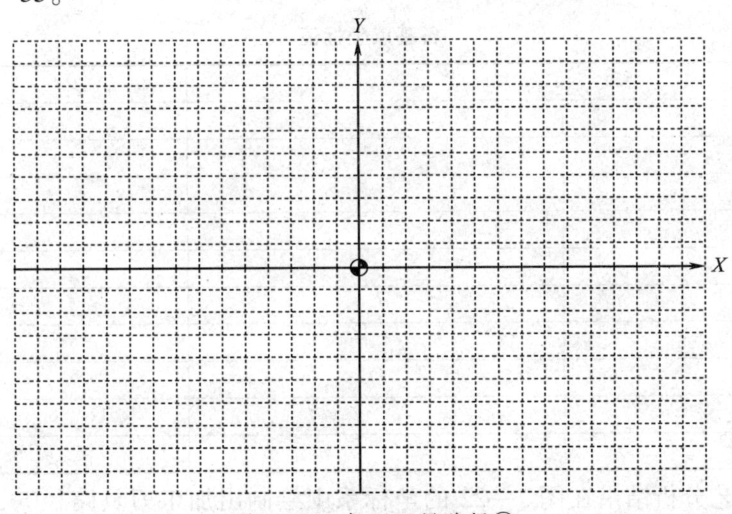

图 7—20　加工刀具路径③

表 7—35　　　　　　　　　　　　　　　　各基点坐标值

基点	*X*	*Y*

（4）根据工艺分析结果在图 7—21 的坐标系中绘制出加工刀具路径④，并将各基点的坐标值填入表 7—36。

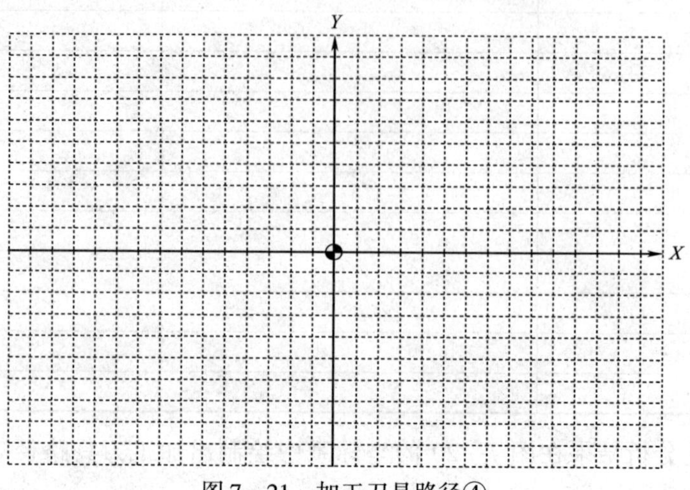

图 7—21　加工刀具路径④

表 7—36　　**各基点坐标值**

基点	*X*	*Y*

（5）根据工艺分析结果在图 7—22 的坐标系中绘制出加工刀具路径⑤，并将各基点的坐标值填入表 7—37。

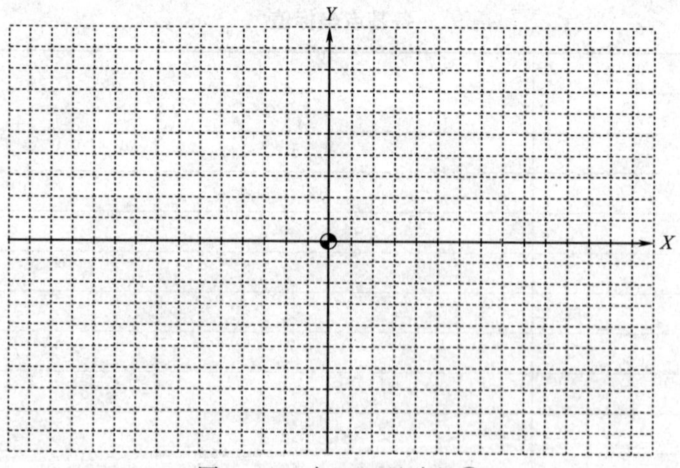

图 7—22　加工刀具路径⑤

表 7—37 各基点坐标值

基点	X	Y

3. 选择切削用量

将刀具号、材料、铣削速度、背吃刀量、主轴转速及进给速度填写在表 7—38 中。

表 7—38 切削用量

刀具号	材料	铣削速度（m/min）		背吃刀量（mm）		主轴转速（r/min）		进给速度（mm/min）	
		粗加工	精加工	粗加工	精加工	粗加工	精加工	粗加工	精加工

4. 确定装夹方式

根据毛坯的形状和加工部位写出工件的装夹方式。

5. 填写数控加工工艺卡

将工步内容及刀具参数填写在表 7—39 的数控加工工艺卡中。

表 7—39 **数控加工工艺卡**

单位名称		产品名称或代号			零件名称		零件图号	
工序号	程序编号	夹具名称			使用设备		车间	
工步号	工步内容		刀具号	刀具规格（mm）	主轴转速（r/min）	进给速度（mm/min）	背吃刀量（mm）	备注
1								
2								
3								
4								
5								
编制		审核	批准		年 月 日		共 页	第 页

6．程序编制

将图 7—18 所示的加工刀具路径①程序填写在表 7—40 中，图 7—19 所示的加工刀具路径②程序填写在表 7—41 中，图 7—20 所示的加工刀具路径③程序填写在表 7—42 中，图 7—21 所示的加工刀具路径④程序填写在表 7—43 中，图 7—22 所示的加工刀具路径⑤程序填写在表 7—44 中。

表 7—40 **程序卡**

数控铣床程序卡	编程原点				编程系统	
	零件名称		零件图号		材料	
	机床型号		夹具名称		实训车间	

程序段号	程序	程序段号	程序
N010		N160	
N020		N170	
N030		N180	
N040		N190	
N050		N200	
N060		N210	
N070		N220	
N080		N230	
N090		N240	
N100		N250	
N110		N260	
N120		N270	
N130		N280	
N140		N290	
N150		N300	

表 7—41　　程序卡

<table>
<tr><td rowspan="3">数控铣床
程序卡</td><td>编程原点</td><td colspan="3"></td><td>编程系统</td><td></td></tr>
<tr><td>零件名称</td><td></td><td>零件图号</td><td></td><td>材料</td><td></td></tr>
<tr><td>机床型号</td><td></td><td>夹具名称</td><td></td><td>实训车间</td><td></td></tr>
</table>

程序段号	程序	程序段号	程序
N010		N160	
N020		N170	
N030		N180	
N040		N190	
N050		N200	
N060		N210	
N070		N220	
N080		N230	
N090		N240	
N100		N250	
N110		N260	
N120		N270	
N130		N280	
N140		N290	
N150		N300	

表 7—42　　程序卡

<table>
<tr><td rowspan="3">数控铣床
程序卡</td><td>编程原点</td><td colspan="3"></td><td>编程系统</td><td></td></tr>
<tr><td>零件名称</td><td></td><td>零件图号</td><td></td><td>材料</td><td></td></tr>
<tr><td>机床型号</td><td></td><td>夹具名称</td><td></td><td>实训车间</td><td></td></tr>
</table>

程序段号	程序	程序段号	程序
N010		N160	
N020		N170	
N030		N180	
N040		N190	
N050		N200	
N060		N210	
N070		N220	
N080		N230	
N090		N240	
N100		N250	
N110		N260	
N120		N270	
N130		N280	
N140		N290	
N150		N300	

表 7—43　　　　　　　　程序卡

数控铣床程序卡	编程原点				编程系统	
	零件名称		零件图号		材料	
	机床型号		夹具名称		实训车间	

程序段号	程序	程序段号	程序
N010		N160	
N020		N170	
N030		N180	
N040		N190	
N050		N200	
N060		N210	
N070		N220	
N080		N230	
N090		N240	
N100		N250	
N110		N260	
N120		N270	
N130		N280	
N140		N290	
N150		N300	

表 7—44　　　　　　　　程序卡

数控铣床程序卡	编程原点				编程系统	
	零件名称		零件图号		材料	
	机床型号		夹具名称		实训车间	

程序段号	程序	程序段号	程序
N010		N160	
N020		N170	
N030		N180	
N040		N190	
N050		N200	
N060		N210	
N070		N220	
N080		N230	
N090		N240	
N100		N250	
N110		N260	
N120		N270	
N130		N280	
N140		N290	
N150		N300	

实例 5

如图 7—23 所示，试采用已学的编程指令编写零件的加工程序。已知毛坯尺寸为 100 mm × 80 mm × 28 mm。

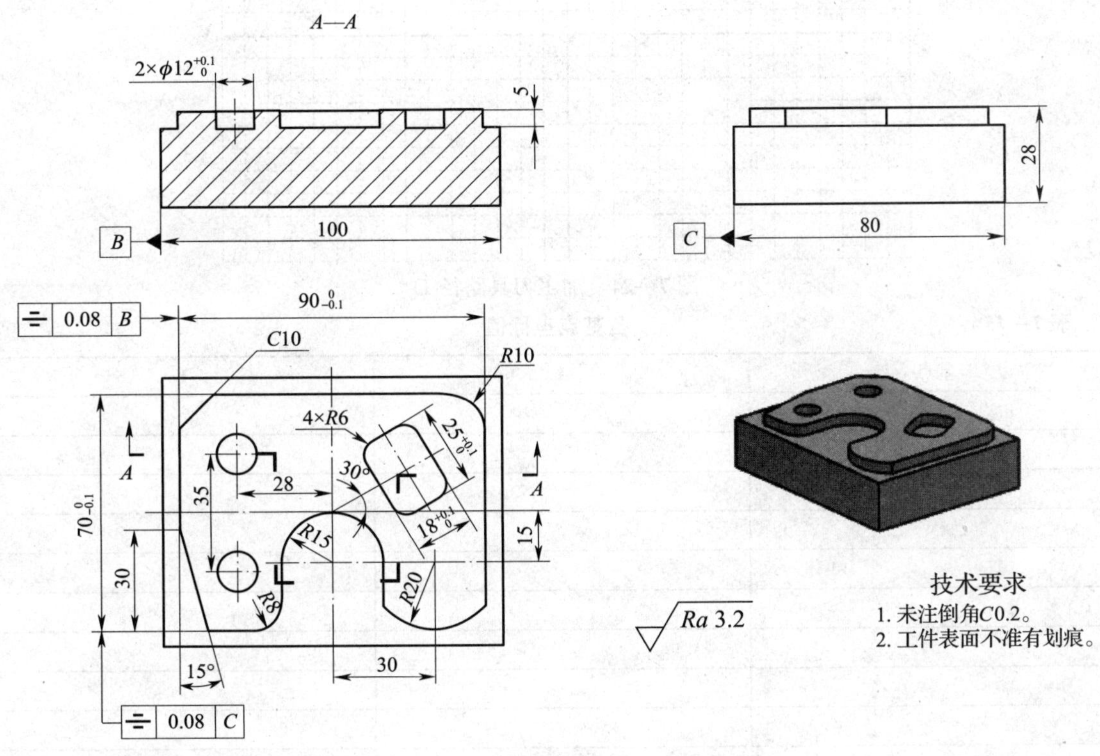

图 7—23　中级职业技能鉴定实例 5

1. 根据图样写出工艺分析结果。

2. 确定加工刀具路径

（1）根据工艺分析结果在图 7—24 的坐标系中绘制出加工刀具路径①，并将各基点的坐标值填入表 7—45。

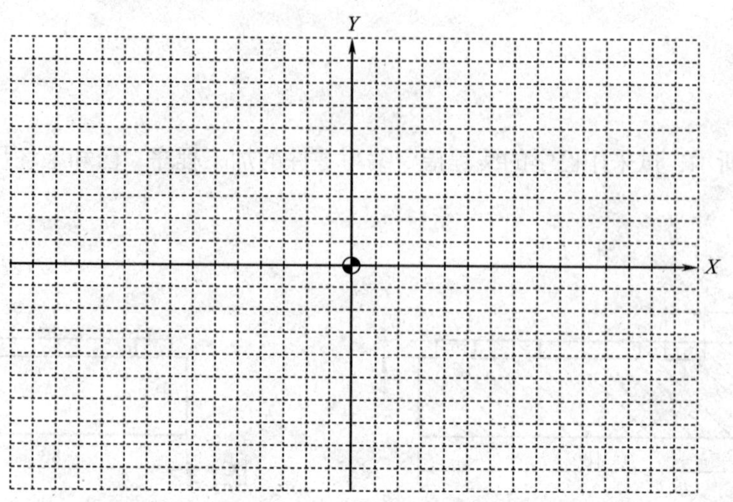

图 7—24　加工刀具路径①

表 7—45　　　　**各基点坐标值**

基点	X	Y

（2）根据工艺分析结果在图 7—25 的坐标系中绘制出加工刀具路径②，并将各基点的坐标值填入表 7—46。

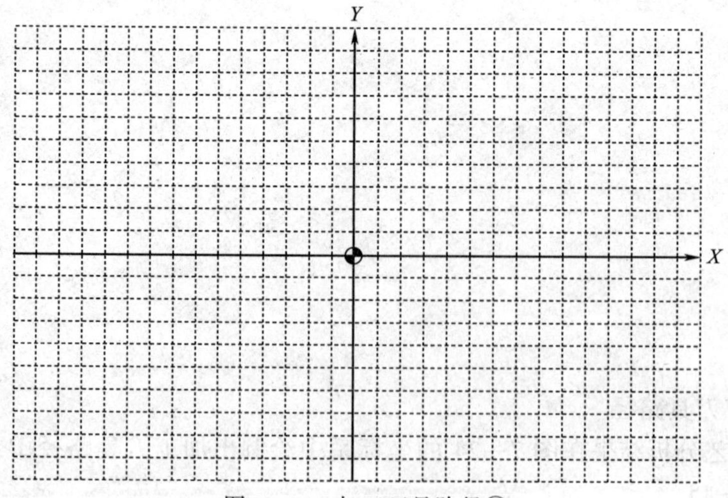

图 7—25　加工刀具路径②

表 7—46　　各基点坐标值

基点	*X*	*Y*

（3）根据工艺分析结果在图 7—26 的坐标系中绘制出加工刀具路径③，并将各基点的坐标值填入表 7—47。

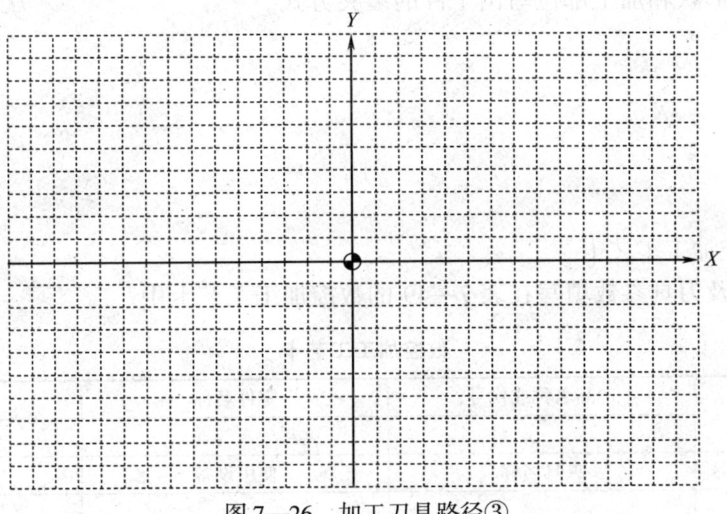

图 7—26　加工刀具路径③

表 7—47　　各基点坐标值

基点	*X*	*Y*

3．选择切削用量

将刀具号、材料、铣削速度、背吃刀量、主轴转速及进给速度填写在表 7—48 中。

表 7—48　　切削用量

刀具号	材料	铣削速度（m/min）		背吃刀量（mm）		主轴转速（r/min）		进给速度（mm/min）	
		粗加工	精加工	粗加工	精加工	粗加工	精加工	粗加工	精加工

4．确定装夹方式

根据毛坯的形状和加工部位写出工件的装夹方式。

5．填写数控加工工艺卡

将工步内容及刀具参数填写在表 7—49 的数控加工工艺卡中。

表 7—49　　数控加工工艺卡

<table>
<tr><td rowspan="2">单位名称</td><td rowspan="2"></td><td colspan="3">产品名称或代号</td><td colspan="2">零件名称</td><td colspan="3">零件图号</td></tr>
<tr><td colspan="3"></td><td colspan="2"></td><td colspan="3"></td></tr>
<tr><td>工序号</td><td>程序编号</td><td colspan="3">夹具名称</td><td colspan="2">使用设备</td><td colspan="3">车间</td></tr>
<tr><td></td><td></td><td colspan="3"></td><td colspan="2"></td><td colspan="3"></td></tr>
<tr><td>工步号</td><td colspan="2">工步内容</td><td>刀具号</td><td>刀具规格（mm）</td><td>主轴转速（r/min）</td><td>进给速度（mm/min）</td><td>背吃刀量（mm）</td><td colspan="2">备注</td></tr>
<tr><td>1</td><td colspan="2"></td><td></td><td></td><td></td><td></td><td></td><td colspan="2"></td></tr>
<tr><td>2</td><td colspan="2"></td><td></td><td></td><td></td><td></td><td></td><td colspan="2"></td></tr>
<tr><td>3</td><td colspan="2"></td><td></td><td></td><td></td><td></td><td></td><td colspan="2"></td></tr>
<tr><td>4</td><td colspan="2"></td><td></td><td></td><td></td><td></td><td></td><td colspan="2"></td></tr>
<tr><td>5</td><td colspan="2"></td><td></td><td></td><td></td><td></td><td></td><td colspan="2"></td></tr>
<tr><td>编制</td><td></td><td>审核</td><td></td><td>批准</td><td></td><td>年　月　日</td><td>共　页</td><td colspan="2">第　页</td></tr>
</table>

6．程序编制

将图 7—24 所示的加工刀具路径①程序填写在表 7—50 中，图 7—25 所示的加工刀具路径②程序填写在表 7—51 中，图 7—26 所示的加工刀具路径③程序填写在表 7—52 中。

表 7—50 程序卡

数控铣床程序卡	编程原点				编程系统	
	零件名称		零件图号		材料	
	机床型号		夹具名称		实训车间	

程序段号	程序	程序段号	程序
N010		N160	
N020		N170	
N030		N180	
N040		N190	
N050		N200	
N060		N210	
N070		N220	
N080		N230	
N090		N240	
N100		N250	
N110		N260	
N120		N270	
N130		N280	
N140		N290	
N150		N300	

表 7—51 程序卡

数控铣床程序卡	编程原点				编程系统	
	零件名称		零件图号		材料	
	机床型号		夹具名称		实训车间	

程序段号	程序	程序段号	程序
N010		N160	
N020		N170	
N030		N180	
N040		N190	
N050		N200	
N060		N210	
N070		N220	
N080		N230	
N090		N240	
N100		N250	
N110		N260	
N120		N270	
N130		N280	
N140		N290	
N150		N300	

表 7—52　　　　　　　　　　　　　　程序卡

数控铣床程序卡	编程原点				编程系统	
	零件名称		零件图号		材料	
	机床型号		夹具名称		实训车间	

程序段号	程序	程序段号	程序
N010		N160	
N020		N170	
N030		N180	
N040		N190	
N050		N200	
N060		N210	
N070		N220	
N080		N230	
N090		N240	
N100		N250	
N110		N260	
N120		N270	
N130		N280	
N140		N290	
N150		N300	

实例 6

如图 7—27 所示，试采用已学的编程指令编写零件的加工程序。已知毛坯尺寸为 100 mm × 80 mm × 28 mm。

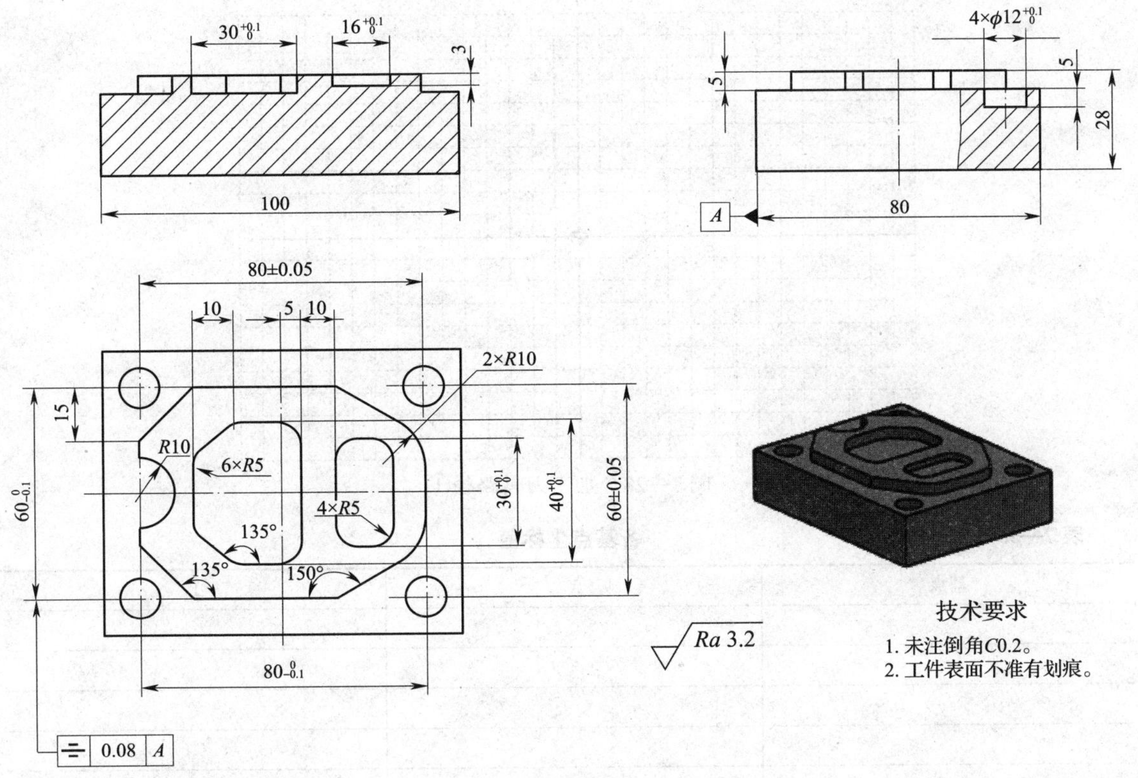

图 7—27　中级职业技能鉴定实例 6

1. 根据图样写出工艺分析结果。

2. 确定加工刀具路径

（1）根据工艺分析结果在图 7—28 的坐标系中绘制出加工刀具路径①，并将各基点的坐标值填入表 7—53。

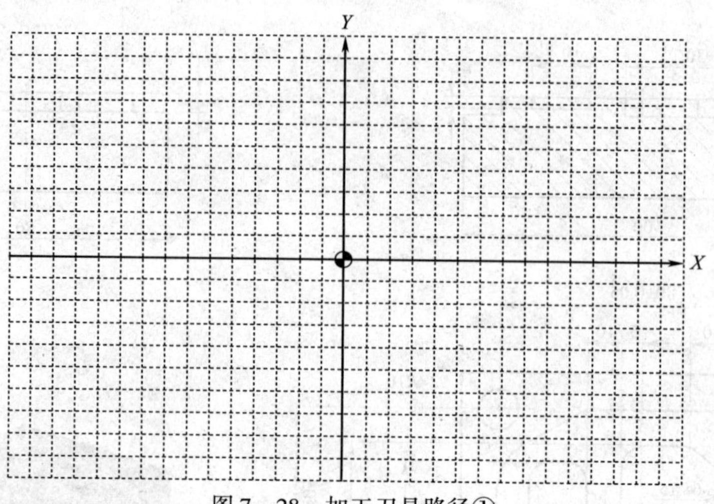

图 7—28　加工刀具路径①

表 7—53　　　　　　　　　　　　　　**各基点坐标值**

基点	X	Y

（2）根据工艺分析结果在图 7—29 的坐标系中绘制出加工刀具路径②，并将各基点的坐标值填入表 7—54。

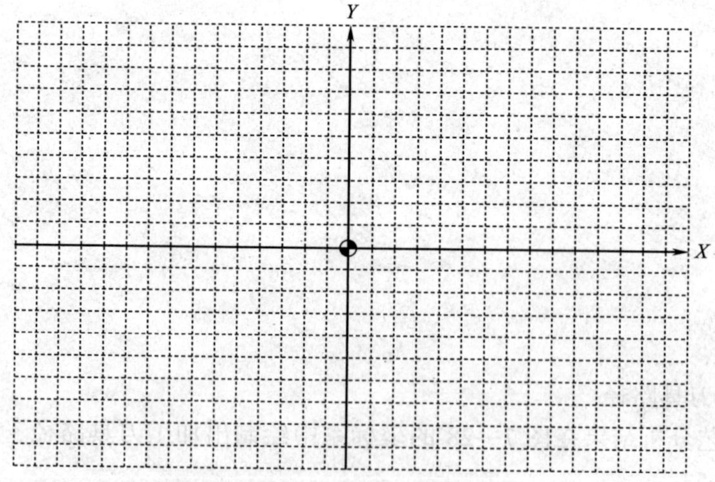

图 7—29　加工刀具路径②

表 7—54　　　　　　　　　　　　各基点坐标值

基点	X	Y

（3）根据工艺分析结果在图 7—30 的坐标系中绘制出加工刀具路径③，并将各基点的坐标值填入表 7—55。

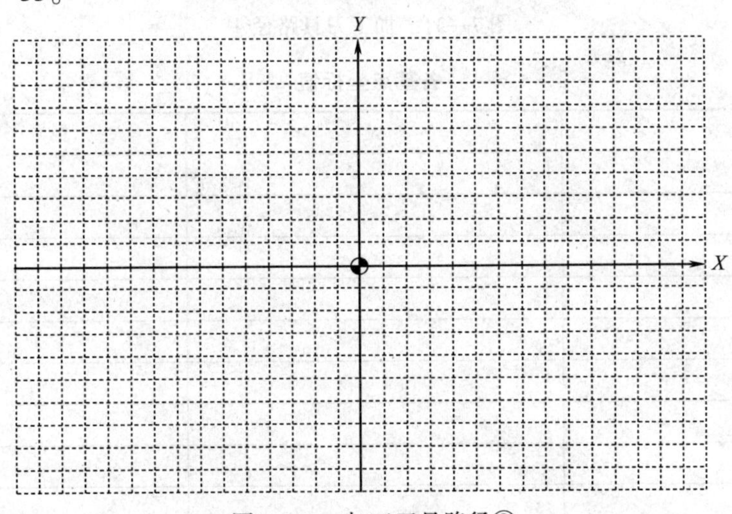

图 7—30　加工刀具路径③

表 7—55　　　　　　　　　　　　各基点坐标值

基点	X	Y

（4）根据工艺分析结果在图 7—31 的坐标系中绘制出加工刀具路径④，并将各基点的坐标值填入表 7—56。

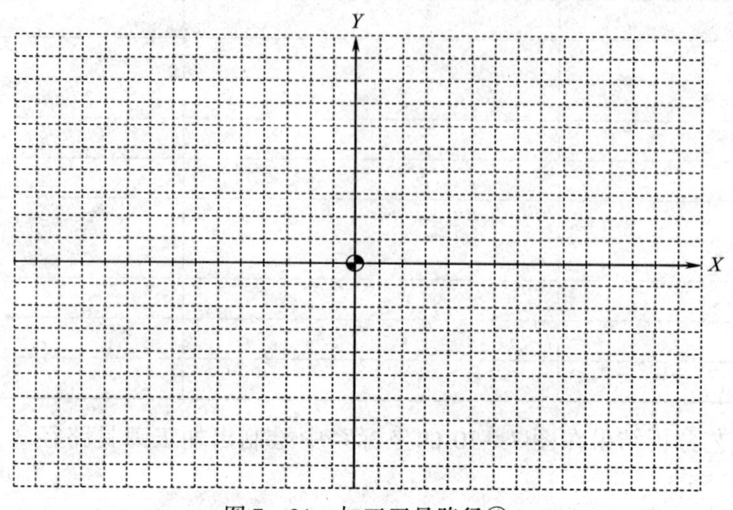

图 7—31　加工刀具路径④

表 7—56　　　　**各基点坐标值**

基点	*X*	*Y*

3．选择切削用量

将刀具号、材料、铣削速度、背吃刀量、主轴转速及进给速度填写在表 7—57 中。

表 7—57　　　　**切削用量**

刀具号	材料	铣削速度（m/min）		背吃刀量（mm）		主轴转速（r/min）		进给速度（mm/min）	
		粗加工	精加工	粗加工	精加工	粗加工	精加工	粗加工	精加工

4. 确定装夹方式

根据毛坯的形状和加工部位写出工件的装夹方式。

5. 填写数控加工工艺卡

将工步内容及刀具参数填写在表 7—58 的数控加工工艺卡中。

表 7—58　　数控加工工艺卡

<table>
<tr><td rowspan="2">单位名称</td><td rowspan="2" colspan="2"></td><td colspan="4">产品名称或代号</td><td colspan="3">零件名称</td><td colspan="2">零件图号</td></tr>
<tr><td colspan="4"></td><td colspan="3"></td><td colspan="2"></td></tr>
<tr><td>工序号</td><td colspan="2">程序编号</td><td colspan="4">夹具名称</td><td colspan="3">使用设备</td><td colspan="2">车间</td></tr>
<tr><td></td><td colspan="2"></td><td colspan="4"></td><td colspan="3"></td><td colspan="2"></td></tr>
<tr><td>工步号</td><td colspan="4">工步内容</td><td>刀具号</td><td>刀具规格（mm）</td><td colspan="2">主轴转速（r/min）</td><td>进给速度（mm/min）</td><td>背吃刀量（mm）</td><td>备注</td></tr>
<tr><td>1</td><td colspan="4"></td><td></td><td></td><td colspan="2"></td><td></td><td></td><td></td></tr>
<tr><td>2</td><td colspan="4"></td><td></td><td></td><td colspan="2"></td><td></td><td></td><td></td></tr>
<tr><td>3</td><td colspan="4"></td><td></td><td></td><td colspan="2"></td><td></td><td></td><td></td></tr>
<tr><td>4</td><td colspan="4"></td><td></td><td></td><td colspan="2"></td><td></td><td></td><td></td></tr>
<tr><td>5</td><td colspan="4"></td><td></td><td></td><td colspan="2"></td><td></td><td></td><td></td></tr>
<tr><td>编制</td><td></td><td>审核</td><td></td><td>批准</td><td colspan="2"></td><td colspan="3">年　月　日</td><td>共　页</td><td>第　页</td></tr>
</table>

6. 程序编制

将图 7—28 所示的加工刀具路径①程序填写在表 7—59 中，图 7—29 所示的加工刀具路径②程序填写在表 7—60 中，图 7—30 所示的加工刀具路径③程序填写在表 7—61 中，图 7—31 所示的加工刀具路径④程序填写在表 7—62 中。

表 7—59　　程序卡

<table>
<tr><td rowspan="3">数控铣床
程序卡</td><td>编程原点</td><td colspan="3"></td><td>编程系统</td><td></td></tr>
<tr><td>零件名称</td><td></td><td>零件图号</td><td></td><td>材料</td><td></td></tr>
<tr><td>机床型号</td><td></td><td>夹具名称</td><td></td><td>实训车间</td><td></td></tr>
</table>

程序段号	程序	程序段号	程序
N010		N160	
N020		N170	
N030		N180	
N040		N190	
N050		N200	
N060		N210	
N070		N220	
N080		N230	
N090		N240	
N100		N250	
N110		N260	
N120		N270	
N130		N280	
N140		N290	
N150		N300	

表 7—60　　程序卡

<table>
<tr><td rowspan="3">数控铣床
程序卡</td><td>编程原点</td><td colspan="3"></td><td>编程系统</td><td></td></tr>
<tr><td>零件名称</td><td></td><td>零件图号</td><td></td><td>材料</td><td></td></tr>
<tr><td>机床型号</td><td></td><td>夹具名称</td><td></td><td>实训车间</td><td></td></tr>
</table>

程序段号	程序	程序段号	程序
N010		N160	
N020		N170	
N030		N180	
N040		N190	
N050		N200	
N060		N210	
N070		N220	
N080		N230	
N090		N240	
N100		N250	
N110		N260	
N120		N270	
N130		N280	
N140		N290	
N150		N300	

表 7—61　　　　　　　　　　　　　　**程序卡**

数控铣床程序卡	编程原点				编程系统	
	零件名称		零件图号		材料	
	机床型号		夹具名称		实训车间	

程序段号	程序	程序段号	程序
N010		N160	
N020		N170	
N030		N180	
N040		N190	
N050		N200	
N060		N210	
N070		N220	
N080		N230	
N090		N240	
N100		N250	
N110		N260	
N120		N270	
N130		N280	
N140		N290	
N150		N300	

表 7—62　　　　　　　　　　　　　　**程序卡**

数控铣床程序卡	编程原点				编程系统	
	零件名称		零件图号		材料	
	机床型号		夹具名称		实训车间	

程序段号	程序	程序段号	程序
N010		N160	
N020		N170	
N030		N180	
N040		N190	
N050		N200	
N060		N210	
N070		N220	
N080		N230	
N090		N240	
N100		N250	
N110		N260	
N120		N270	
N130		N280	
N140		N290	
N150		N300	

实例 7

如图 7—32 所示，试采用已学的编程指令编写零件的加工程序。已知毛坯尺寸为 100 mm × 80 mm × 28 mm。

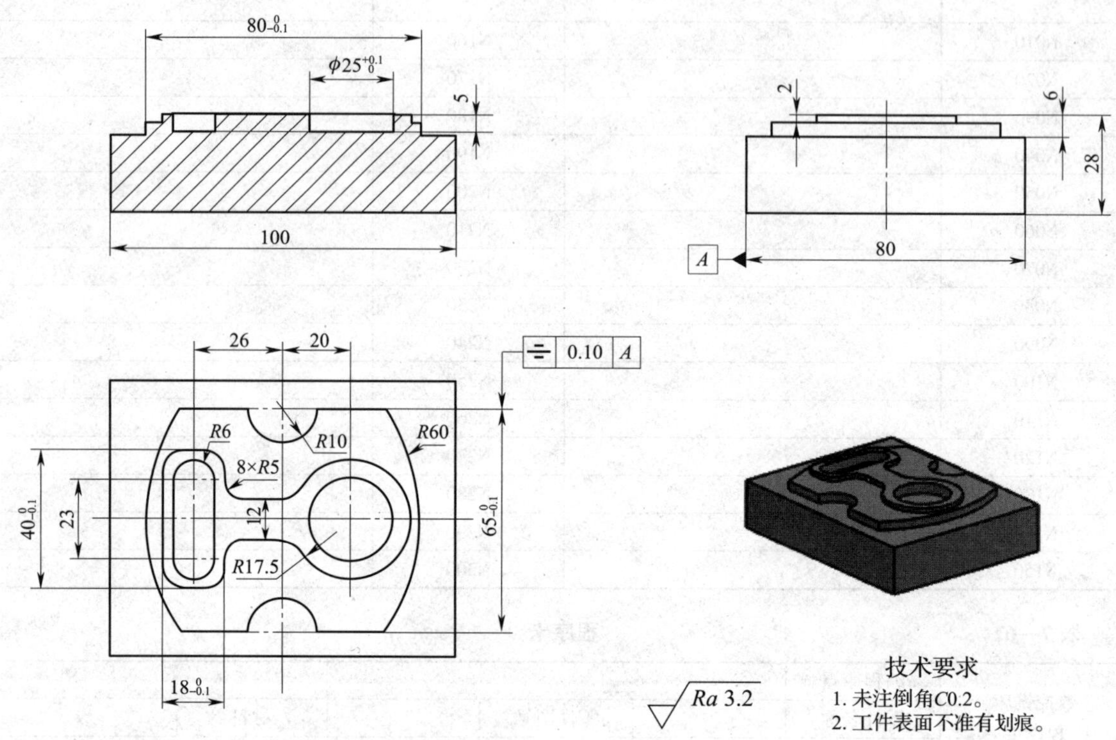

图 7—32　中级职业技能鉴定实例 7

1．根据图样写出工艺分析结果。

2．确定加工刀具路径

（1）根据工艺分析结果在图 7—33 的坐标系中绘制出加工刀具路径①，并将各基点的坐标值填入表 7—63。

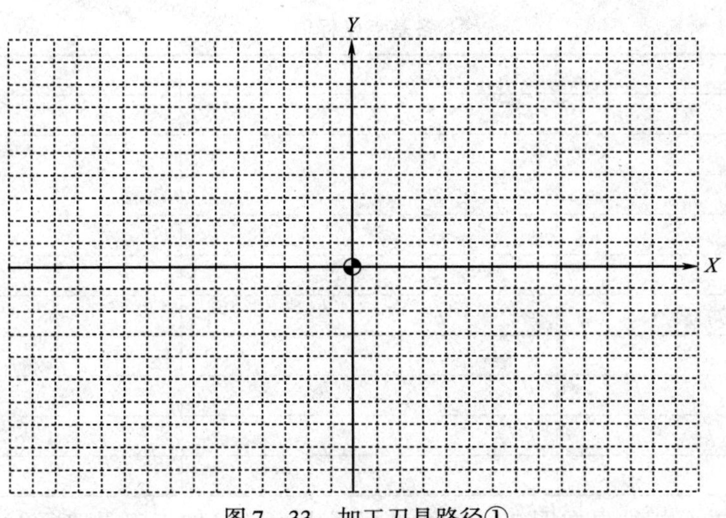

图 7—33　加工刀具路径①

表 7—63　　**各基点坐标值**

基点	X	Y

（2）根据工艺分析结果在图 7—34 的坐标系中绘制出加工刀具路径②，并将各基点的坐标值填入表 7—64。

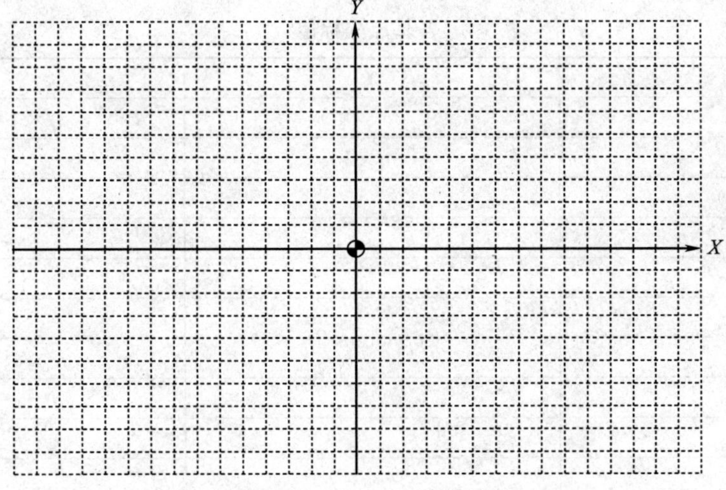

图 7—34　加工刀具路径②

表 7—64　　　　各基点坐标值

基点	X	Y

（3）根据工艺分析结果在图 7—35 的坐标系中绘制出加工刀具路径③，并将各基点的坐标值填入表 7—65。

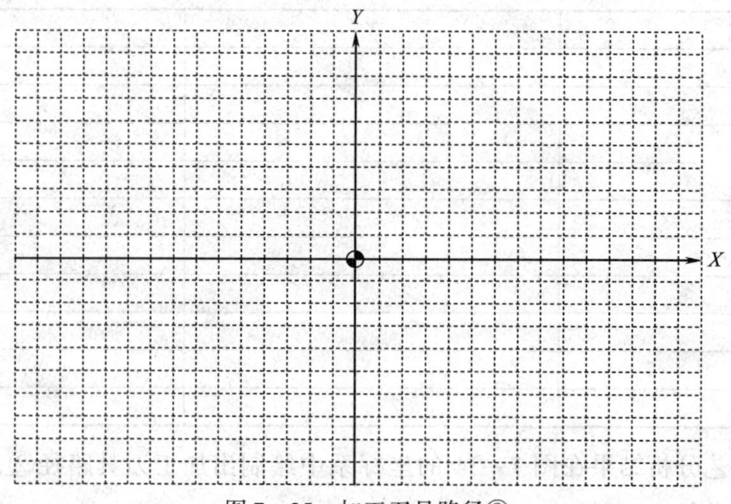

图 7—35　加工刀具路径③

表 7—65　　　　各基点坐标值

基点	X	Y

（4）根据工艺分析结果在图 7—36 的坐标系中绘制出加工刀具路径④，并将各基点的坐标值填入表 7—66。

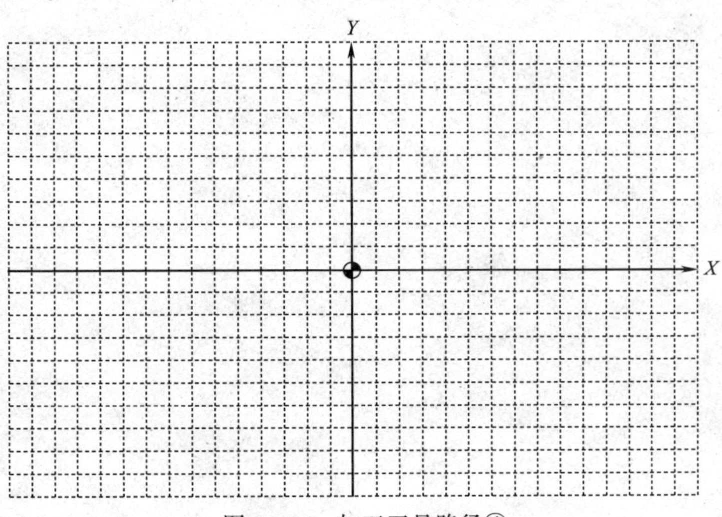

图 7—36　加工刀具路径④

表 7—66　　各基点坐标值

基点	X	Y

3．选择切削用量

将刀具号、材料、铣削速度、背吃刀量、主轴转速及进给速度填写在表 7—67 中。

表 7—67　　切削用量

刀具号	材料	铣削速度（m/min）		背吃刀量（mm）		主轴转速（r/min）		进给速度（mm/min）	
		粗加工	精加工	粗加工	精加工	粗加工	精加工	粗加工	精加工

4．确定装夹方式

根据毛坯的形状和加工部位写出工件的装夹方式。

5．填写数控加工工艺卡

将工步内容及刀具参数填写在表 7—68 的数控加工工艺卡中。

表 7—68　　　　数控加工工艺卡

<table>
<tr><td rowspan="2">单位名称</td><td colspan="2" rowspan="2"></td><td colspan="3">产品名称或代号</td><td colspan="2">零件名称</td><td colspan="2">零件图号</td></tr>
<tr><td colspan="3"></td><td colspan="2"></td><td colspan="2"></td></tr>
<tr><td>工序号</td><td colspan="2">程序编号</td><td colspan="3">夹具名称</td><td colspan="2">使用设备</td><td colspan="2">车间</td></tr>
<tr><td></td><td colspan="2"></td><td colspan="3"></td><td colspan="2"></td><td colspan="2"></td></tr>
<tr><td>工步号</td><td colspan="3">工步内容</td><td>刀具号</td><td>刀具规格（mm）</td><td>主轴转速（r/min）</td><td>进给速度（mm/min）</td><td>背吃刀量（mm）</td><td>备注</td></tr>
<tr><td>1</td><td colspan="3"></td><td></td><td></td><td></td><td></td><td></td><td></td></tr>
<tr><td>2</td><td colspan="3"></td><td></td><td></td><td></td><td></td><td></td><td></td></tr>
<tr><td>3</td><td colspan="3"></td><td></td><td></td><td></td><td></td><td></td><td></td></tr>
<tr><td>4</td><td colspan="3"></td><td></td><td></td><td></td><td></td><td></td><td></td></tr>
<tr><td>5</td><td colspan="3"></td><td></td><td></td><td></td><td></td><td></td><td></td></tr>
<tr><td>编制</td><td></td><td>审核</td><td></td><td>批准</td><td></td><td colspan="2">年　月　日</td><td>共　页</td><td>第　页</td></tr>
</table>

6．程序编制

将图 7—33 所示的加工刀具路径①程序填写在表 7—69 中，图 7—34 所示的加工刀具路径②程序填写在表 7—70 中，图 7—35 所示的加工刀具路径③程序填写在表 7—71 中，图 7—36 所示的加工刀具路径④程序填写在表 7—72 中。

表 7—69　　程序卡

数控铣床程序卡	编程原点				编程系统	
	零件名称		零件图号		材料	
	机床型号		夹具名称		实训车间	

程序段号	程序	程序段号	程序
N010		N160	
N020		N170	
N030		N180	
N040		N190	
N050		N200	
N060		N210	
N070		N220	
N080		N230	
N090		N240	
N100		N250	
N110		N260	
N120		N270	
N130		N280	
N140		N290	
N150		N300	

表 7—70　　程序卡

数控铣床程序卡	编程原点				编程系统	
	零件名称		零件图号		材料	
	机床型号		夹具名称		实训车间	

程序段号	程序	程序段号	程序
N010		N160	
N020		N170	
N030		N180	
N040		N190	
N050		N200	
N060		N210	
N070		N220	
N080		N230	
N090		N240	
N100		N250	
N110		N260	
N120		N270	
N130		N280	
N140		N290	
N150		N300	

表 7—71 **程序卡**

<table>
<tr><td rowspan="3">数控铣床
程序卡</td><td>编程原点</td><td colspan="3"></td><td>编程系统</td><td></td></tr>
<tr><td>零件名称</td><td></td><td>零件图号</td><td></td><td>材料</td><td></td></tr>
<tr><td>机床型号</td><td></td><td>夹具名称</td><td></td><td>实训车间</td><td></td></tr>
</table>

程序段号	程序	程序段号	程序
N010		N160	
N020		N170	
N030		N180	
N040		N190	
N050		N200	
N060		N210	
N070		N220	
N080		N230	
N090		N240	
N100		N250	
N110		N260	
N120		N270	
N130		N280	
N140		N290	
N150		N300	

表 7—72 **程序卡**

<table>
<tr><td rowspan="3">数控铣床
程序卡</td><td>编程原点</td><td colspan="3"></td><td>编程系统</td><td></td></tr>
<tr><td>零件名称</td><td></td><td>零件图号</td><td></td><td>材料</td><td></td></tr>
<tr><td>机床型号</td><td></td><td>夹具名称</td><td></td><td>实训车间</td><td></td></tr>
</table>

程序段号	程序	程序段号	程序
N010		N160	
N020		N170	
N030		N180	
N040		N190	
N050		N200	
N060		N210	
N070		N220	
N080		N230	
N090		N240	
N100		N250	
N110		N260	
N120		N270	
N130		N280	
N140		N290	
N150		N300	

实例 8

如图 7—37 所示，试采用已学的编程指令编写零件的加工程序。已知毛坯尺寸为 100 mm × 80 mm × 28 mm。

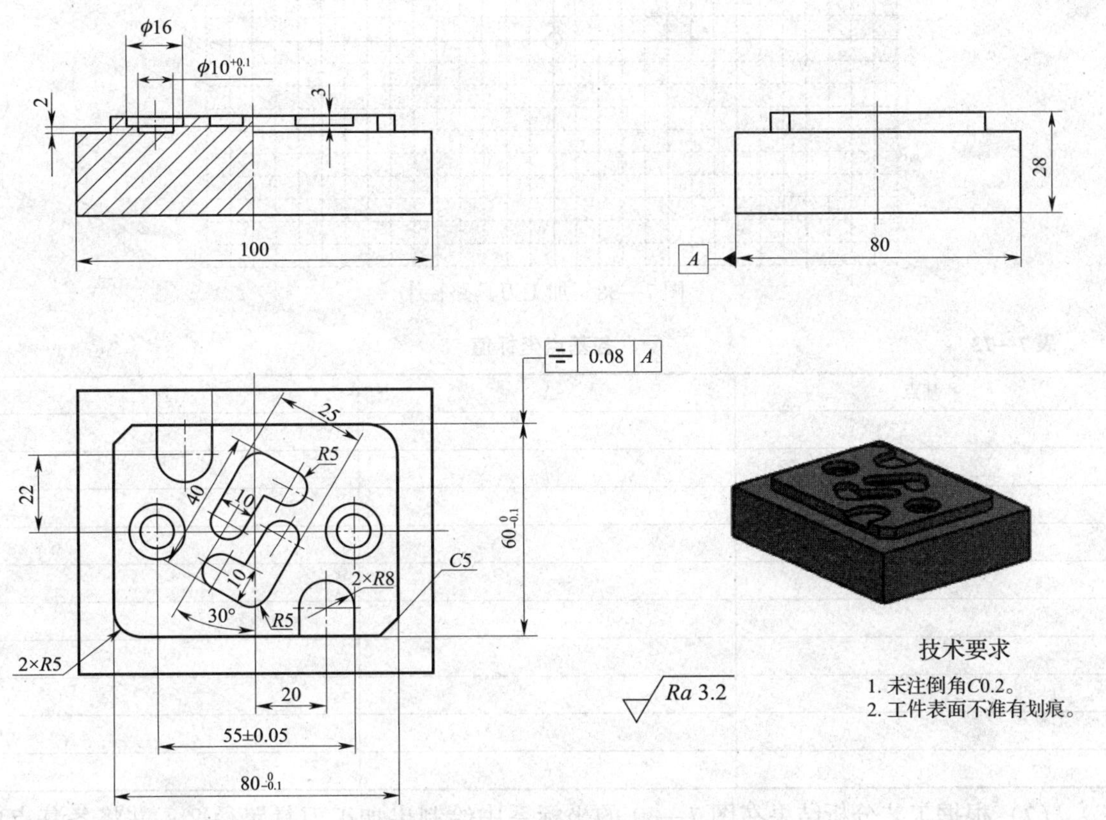

图 7—37　中级职业技能鉴定实例 8

1. 根据图样写出工艺分析结果。

2. 确定加工刀具路径

（1）根据工艺分析结果在图 7—38 的坐标系中绘制出加工刀具路径①，并将各基点的坐标值填入表 7—73。

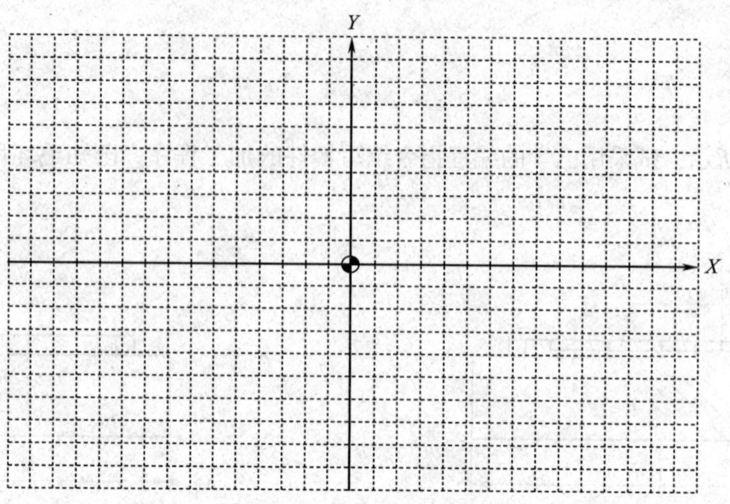

图 7—38　加工刀具路径①

表 7—73　　**各基点坐标值**

基点	X	Y

（2）根据工艺分析结果在图 7—39 的坐标系中绘制出加工刀具路径②，并将各基点的坐标值填入表 7—74。

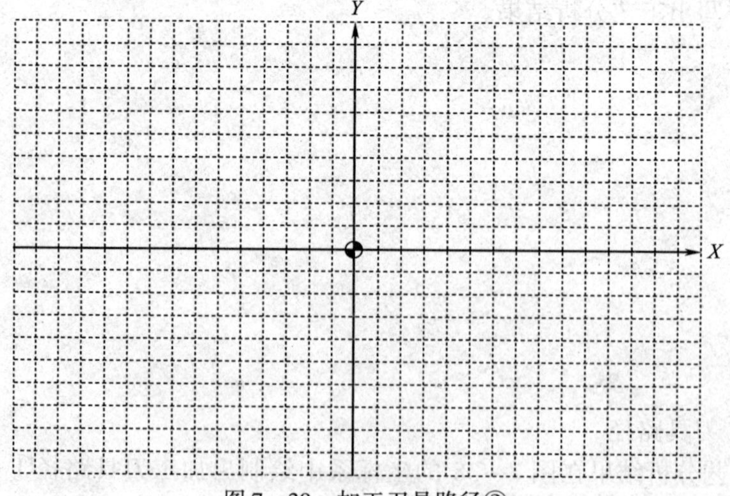

图 7—39　加工刀具路径②

表 7—74　　　　　　　　　　　　各基点坐标值

基点	X	Y

（3）根据工艺分析结果在图 7—40 的坐标系中绘制出加工刀具路径③，并将各基点的坐标值填入表 7—75。

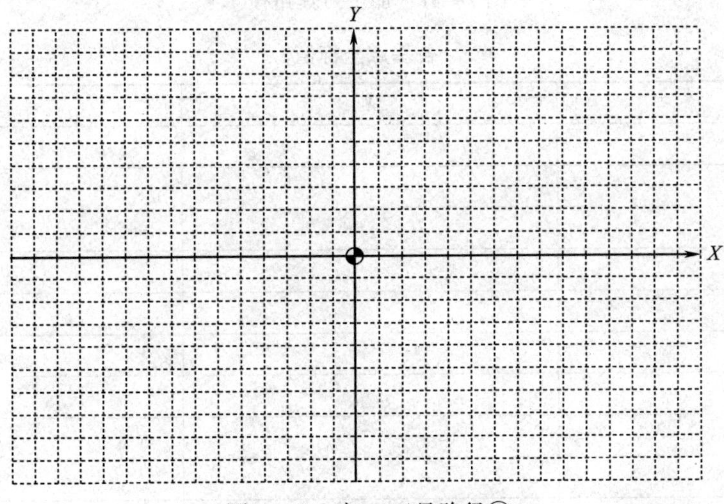

图 7—40　加工刀具路径③

表 7—75　　　　　　　　　　　　各基点坐标值

基点	X	Y

（4）根据工艺分析结果在图 7—41 的坐标系中绘制出加工刀具路径④，并将各基点的坐标值填入表 7—76。

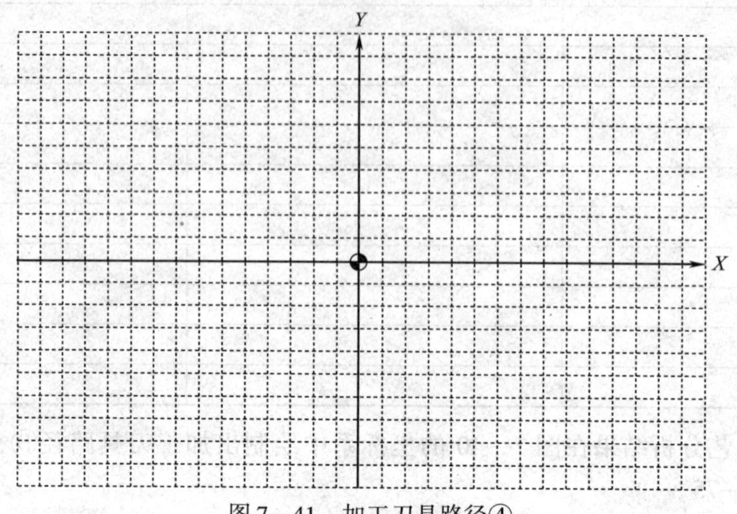

图 7—41　加工刀具路径④

表 7—76　　**各基点坐标值**

基点	X	Y

3．选择切削用量

将刀具号、材料、铣削速度、背吃刀量、主轴转速及进给速度填写在表 7—77 中。

表 7—77　　**切削用量**

刀具号	材料	铣削速度（m/min）		背吃刀量（mm）		主轴转速（r/min）		进给速度（mm/min）	
		粗加工	精加工	粗加工	精加工	粗加工	精加工	粗加工	精加工

4. 确定装夹方式

根据毛坯的形状和加工部位写出工件的装夹方式。

5. 填写数控加工工艺卡

将工步内容及刀具参数填写在表 7—78 的数控加工工艺卡中。

表 7—78　　　　数控加工工艺卡

单位名称		产品名称或代号			零件名称		零件图号	
工序号	程序编号	夹具名称			使用设备		车间	
工步号	工步内容		刀具号	刀具规格（mm）	主轴转速（r/min）	进给速度（mm/min）	背吃刀量（mm）	备注
1								
2								
3								
4								
5								
编制		审核	批准		年　月　日		共　页	第　页

6. 程序编制

将图 7—38 所示的加工刀具路径①程序填写在表 7—79 中，图 7—39 所示的加工刀具路径②程序填写在表 7—80 中，图 7—40 所示的加工刀具路径③程序填写在表 7—81 中，图 7—41 所示的加工刀具路径④程序填写在表 7—82 中。

表 7—79　　程序卡

<table>
<tr><td rowspan="3">数控铣床
程序卡</td><td>编程原点</td><td colspan="3"></td><td>编程系统</td><td></td></tr>
<tr><td>零件名称</td><td></td><td>零件图号</td><td></td><td>材料</td><td></td></tr>
<tr><td>机床型号</td><td></td><td>夹具名称</td><td></td><td>实训车间</td><td></td></tr>
</table>

程序段号	程序	程序段号	程序
N010		N160	
N020		N170	
N030		N180	
N040		N190	
N050		N200	
N060		N210	
N070		N220	
N080		N230	
N090		N240	
N100		N250	
N110		N260	
N120		N270	
N130		N280	
N140		N290	
N150		N300	

表 7—80　　程序卡

<table>
<tr><td rowspan="3">数控铣床
程序卡</td><td>编程原点</td><td colspan="3"></td><td>编程系统</td><td></td></tr>
<tr><td>零件名称</td><td></td><td>零件图号</td><td></td><td>材料</td><td></td></tr>
<tr><td>机床型号</td><td></td><td>夹具名称</td><td></td><td>实训车间</td><td></td></tr>
</table>

程序段号	程序	程序段号	程序
N010		N160	
N020		N170	
N030		N180	
N040		N190	
N050		N200	
N060		N210	
N070		N220	
N080		N230	
N090		N240	
N100		N250	
N110		N260	
N120		N270	
N130		N280	
N140		N290	
N150		N300	

表 7—81　　　　　　　　　　　　　　　　　　　**程序卡**

数控铣床程序卡	编程原点				编程系统	
	零件名称		零件图号		材料	
	机床型号		夹具名称		实训车间	

程序段号	程序	程序段号	程序
N010		N160	
N020		N170	
N030		N180	
N040		N190	
N050		N200	
N060		N210	
N070		N220	
N080		N230	
N090		N240	
N100		N250	
N110		N260	
N120		N270	
N130		N280	
N140		N290	
N150		N300	

表 7—82　　　　　　　　　　　　　　　　　　　**程序卡**

数控铣床程序卡	编程原点				编程系统	
	零件名称		零件图号		材料	
	机床型号		夹具名称		实训车间	

程序段号	程序	程序段号	程序
N010		N160	
N020		N170	
N030		N180	
N040		N190	
N050		N200	
N060		N210	
N070		N220	
N080		N230	
N090		N240	
N100		N250	
N110		N260	
N120		N270	
N130		N280	
N140		N290	
N150		N300	